主编　于雷

破解福尔摩斯思维习惯

印度数学

Sherlock Holmes

吉林科学技术出版社

图书在版编目（CIP）数据

印度数学 / 于雷主编. — 长春：吉林科学技术出版社，2014.11
（破解福尔摩斯思维习惯）
ISBN 978 - 7 - 5384 - 8531 - 8

Ⅰ.①印… Ⅱ.①于… Ⅲ.①古典数学 - 印度 - 青少年读物 Ⅳ.①O113.51 - 49

中国版本图书馆CIP数据核字（2014）第263969号

印度数学 YINDU SHUXUE

主　　编　于　雷
编　　委　龚宇华　陈一婧　于艳苓　何正雄　李志新　于艳华　宋蓉珍　宋淑珍
　　　　　代冬聆　陈　靖　叶淑英　何　晶　李方伟
出 版 人　李　梁
策划责任编辑　刘宏伟
执行责任编辑　朱　萌
封面设计　长春美印图文设计有限公司
制　　版　长春美印图文设计有限公司
开　　本　710mm×1000mm　1 / 16
字　　数　400千字
印　　张　18.75
印　　数　17001 - 22000册
版　　次　2015年7月第1版
印　　次　2018年2月第5次印刷

出　　版　吉林科学技术出版社
发　　行　吉林科学技术出版社
地　　址　长春市人民大街4646号
邮　　编　130021
发行部电话 / 传真　0431 - 85677817　85635177　85651759
　　　　　　　　　　85651628　85600311　85670016
储运部电话　0431 - 86059116
编辑部电话　0431 - 85635186
网　　址　www.jlstp.net
印　　刷　长春新华印刷集团有限公司

书　　号　ISBN 978 - 7 - 5384 - 8531 - 8
定　　价　29.90元

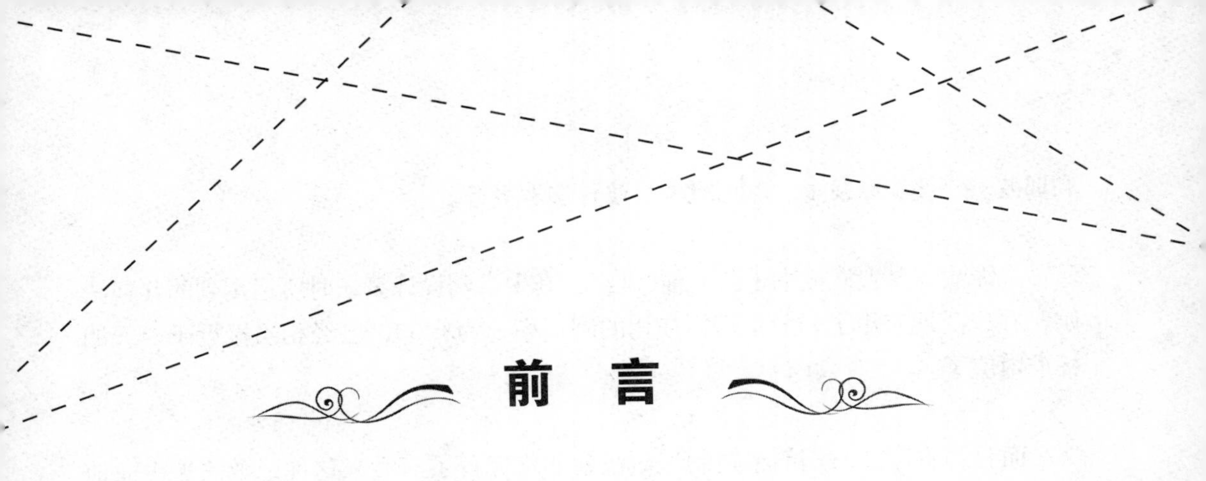

前言

大家知道，在美国科技重地硅谷，许多从事IT业的工程师都来自印度。他们最大的优势就是数学比别人好，这一切都得益于印度独特的数学教育法。印度数学的计算方法灵活多样、不拘一格，一道题通常可以有两到三种算法。而且它的解题方式总是窍门很多，方法神奇，有别于我们传统的数学方法，更简单、更方便。这些巧妙的方法和技巧不但提高了孩子们对数学学习的兴趣，大大提升了计算的速度和准确性，而且还是帮助人们提高创意思维能力的有效工具，它训练了人们超强的逻辑思维能力，使人们能够在工作和生活中巧妙地应用数学知识。

印度数学的一些方法可以比我们一般的计算方法快10～15倍，学习了印度数学的人能够在几秒钟内口算或心算出三四位数的复杂运算。而且，印度数学的方法简单直接，即使是没有数学基础的人也能很快掌握它。它还非常有趣，运算过程就像游戏一样令人着迷。

比如，计算109×103，用我们今天的算法，无非是列出竖式逐位相乘，然后相加。但是用印度数学方法来计算的话，就非常简单了。我们只需要用被乘数加上乘数个位上的数字，即$109+3=112$；之后用两个数个位上的数字相乘，即$9\times3=27$；最后把第二步的得数写在第一步的得数之后（注意进位或用“0”补位），即变成组合数字：11227。所以11227就是109×103的结果了。怎么样，是不是很神奇呢？这种方法对100～110之间的整数相乘都是适用的，大家不妨验算一下。

印度数学的方法和技巧如此简单、快捷及准确，连数学家都叹为观止。印度人的数学能力向来让世界刮目相看。公元5—12世纪是印度数学迅速发展的时期，其成就在世界数学史上占有重要地位。在这个时期出现了很多著名的学者，如阿利耶波多、婆罗摩笈多、摩诃毗罗、婆什迦罗等等。

《绳法经》大概成书于公元前6世纪，其中讲到设计祭坛时所运用到的几何法则，并广泛地应用了勾股定理，使用的圆周率π为3.09，已经相当接近于今天的标准数值了。

而且，古印度时期的十进制记数法就非常完备了。后来这种记数法被中亚地区的许多民族采用，又经过阿拉伯人传到了欧洲，逐渐演变成今天世界通用的“阿拉伯记数法”。所以说，阿拉伯数字并不是阿拉伯人创造的，他们只是起了传播的作用。而真正对阿拉伯数字有贡献的，正是古印度人。

本书整理总结了数十种影响了世界几千年的印度秘密计算法，还包括平方、立方、平方根、立方根、方程组以及神秘奇特的手算法和验算法等。这些方法会提高学生加减乘除的运算能力，不仅仅能够提高学生的数学成绩，更能让他们的思维方式得到改变，让他们从一开始就站在一个较高的起点上。

本书不只适合孩子、在校学生，同样适合想改变和训练思维方式的成年人。对孩子来说，它可以提高他们对数学的兴趣，爱上数学，爱上动脑；对学生来说，它可以提高计算的速度和准确性，提高学习成绩；对成年人来说，它可以改变我们的思维方式，让你在工作和生活中出类拔萃、与众不同。如今，我们将印度数学的秘密计算法在本书中彻底公开。让我们进入印度数学的奇妙世界，学习魔法般神奇的计算法吧！

目 录

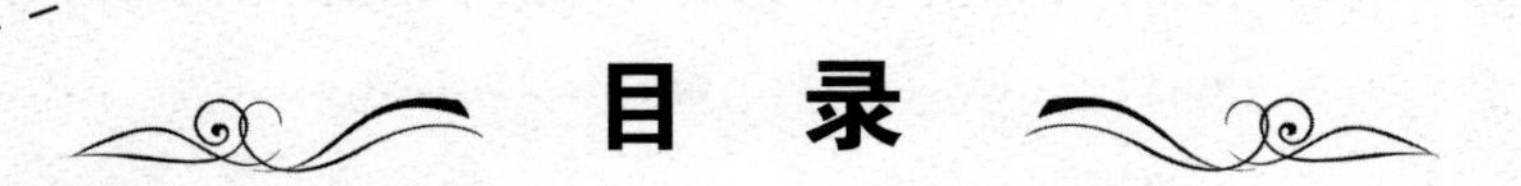

第一章　印度加法计算法

1. 从左往右计算加法

我们做加法的时候，一般都是从右往左计算，这样方便进位。而在印度，他们都是从左往右计算的。

方法

（1）我们以第二个加数为三位数为例，先用被加数加上加数的整百数。

（2）用上一步的结果加上加数的整十数。

（3）用上一步的结果加上加数的个位数，即可。

例子

（1）计算$48+21=$______

首先计算$48+20=68$

再计算$68+1=69$

所以$48+21=69$

（2）计算$475+214=$______

$475+200=675$

$675+10=685$

$685+4=689$

所以$475+214=689$

（3）计算$756+829=$______

$756+800=1556$

$1556+20=1576$

$1576+9=1585$

所以$756+829=1585$

注意

这种方法其实就是把加数或被加数分解成容易计算的数。

练习

（1）计算$24+61=$______

（2）计算47 + 36=______

（3）计算128 + 291=______

（4）计算489 + 223=______

（5）计算1482 + 2211=______

（6）计算1248 + 3221=______

2. 两位数的加法运算

如果两个加数都是两位数，那么我们可以把它们分别分解成十位和个位两部分，然后分别进行计算，最后相加。

方法

（1）把两个加数的十位数字相加。

（2）把两个加数的个位数字相加。

（3）把前两步的结果相加，注意进位。

例子

（1）计算28＋31=______

首先计算20＋30=50

再计算8＋1=9

结果就是50＋9=59

所以28＋31=59

（2）计算75＋24=______

70＋20=90

5＋4=9

90＋9=99

所以75＋24=99

（3）计算56＋29=______

50＋20=70

6＋9=15

70＋15=85

所以56＋29=85

练习

（1）计算32 + 36=______

（2）计算43 + 23=______

（3）计算89 + 12=______

（4）计算49 + 23=______

（5）计算14 + 82=______

（6）计算48 + 32=______

3. 三位数的加法运算

如果两个加数都是三位数，那么我们可以把它们分别分解成百位、十位和个位三部分，然后分别进行计算，最后相加。

方法

（1）把两个加数的百位数字相加。
（2）把两个加数的十位数字相加。
（3）把两个加数的个位数字相加。
（4）把前三步的结果相加，注意进位。

例子

（1）计算$328+321=$______

首先计算$300+300=600$
再计算$20+20=40$
再计算$8+1=9$
结果就是$600+40+9=649$

所以$328+321=649$

（2）计算$175+242=$______

$100+200=300$
$70+40=110$
$5+2=7$
$300+110+7=417$

所以$175+242=417$

（3）计算$538+289=$______

$500+200=700$
$30+80=110$
$8+9=17$
$700+110+17=827$

所以$538+289=827$

注意

这种方法还可以做多位数加多位数，并不一定需要两个加数的位数相等哦。

练习

（1）计算132＋926=______

（2）计算427＋363=______

（3）计算212＋229=______

（4）计算148＋423=______

（5）计算182＋211=______

（6）计算232＋412=______

4. 巧用补数算加法

补数是一个数为了成为某个标准数而需要加的数。一般来说，一个数的补数有2个，一个是与其相加得该位上最大数（9）的数，另一个是与其相加能进到下一位的数。

下面，我们来看一下如何用补数来计算加法吧！

方法

（1）在两个加数中选择一个数，写成整十数或者整百数减去一个补数的形式。

（2）将整十数或者整百数与另一个加数相加。

（3）减去补数即可。

例子

（1）计算498＋214=______

498的补数为2

498＋214=（500－2）＋214

=500＋214－2

=714－2

=712

所以498＋214=712

（2）计算4388＋315=______

4388的补数为12

4388＋315=（4400－12）＋315

=4400＋315－12

=4715－12

=4703

所以4388＋315=4703

（3）计算89＋53=______

89的补数为11

$89+53=(100-11)+53$

$=100+53-11$

$=153-11$

$=142$

所以89＋53=142

注意

（1）这种方法使用于其中一个加数加上一个比较小容易计算的补数后可以变为整十数或者整百数的题目。

（2）做加法一般用的是与其相加能进到下一位的补数，而另外一种补数，也就是与其相加能够得到该位上最大数的补数，以后我们会学习到。

练习

（1）计算224＋601=______

（2）计算497＋136=______

（3）计算1298＋291=______

（4）计算489＋2223=______

（5）计算1402＋2221=______

（6）计算1298＋3272=______

5. 用凑整法算加法

方法

（1）在两个数中选择一个数，加上或减去一个补数，使它变成一个末尾是0的数。

（2）同时在另一个数中，相应地减去或加上这个补数。

例子

（1）计算297 + 514=______

297的补数为3

297 + 514=（297 + 3）+（514 − 3）

=300 + 511

=811

所以297 + 514=811

（2）计算308 + 194=______

308的补数为 − 8

308 + 194=（308 − 8）+（194 + 8）

=300 + 202

=502

所以308 + 194=502

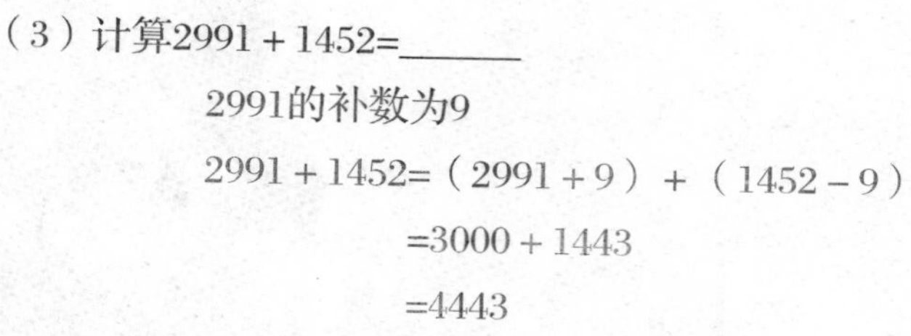

（3）计算2991 + 1452=______

2991的补数为9

2991 + 1452=（2991 + 9）+（1452 − 9）

=3000 + 1443

=4443

所以2991 + 1452=4443

注意

两个加数要一边加，一边减，才能保证结果不变。

练习

（1）计算902 + 681=______

（2）计算497 + 362=______

（3）计算4198 + 2629=______

（4）计算2489＋3256=______

（5）计算7202＋1980=______

（6）计算9298＋7221=______

6. 四位数的加法运算

方法

（1）把每个四位数都分成两个两位数。

（2）将对应的两个两位数相加，即两个前面的两位数相加，两个后面的两位数相加。

（3）将两个结果合在一起。如果后面的两个两位数相加变成了三位数，那么要注意进位。

例子

（1）计算1287＋3511=______

把1287分解为12和87

把3511分解为35和11

然后12＋35=47

87＋11=98

所以结果即为4798

所以1287＋3511=4798

（2）计算5879＋3527=______

把5879分解为58和79

把3527分解为35和27

然后58＋35=93

79＋27=106

所以结果即为9406

所以5879＋3527=9406

（3）计算3721＋2587=______

把3721分解为37和21

把2587分解为25和87

然后37＋25=62

21＋87=108

所以结果即为6308

所以3721＋2587=6308

注意

这种方法可以做多位数加法，位数不足的可以在前面用0补足。但是位数越多越要注意进位。

练习

（1）计算1224＋6201=______

（2）计算4297＋1336=______

（3）计算1298＋2921=______

（4）计算1489＋2245=______

（5）计算4502＋2361=______

（6）计算1528＋2672=______

7. 在格子里算加法

方法

（1）根据要求的数字的位数画出（n+2）×（n+2）的方格，n为两个加数中较大的数的位数。

（2）第一行第一列的位置写上“+”，然后在下面的格子里竖着写出第一个加数（每个格子写一个数字）。

（3）第二列空着，留给结果进位使用。

（4）从第一行第三列的位置开始横着写出第二个加数（每个格子写一个数字，且要保证两个加数的位数一致，如果不足，将少的前面用0补足）。

（5）分别将两个加数的各位数字相加，百位加百位，十位加十位，个位加个位。然后把结果写在它们交叉的位置上（超过10则进位写在前面一格中）。

（6）将所有结果竖着相加，写在对应的最后一行上，即为结果（注意进位）。

例子

（1）计算457+214=______

将214写在第一列加号的下面，457写在第一行第三四五列。然后对应位置的数字相加：2+4=6，1+5=6，4+7=11，分别写在对应的位置上。最后将三个数字竖向相加，得到671。

+		4 ↓	5	7
2	→	6	↓	↓
1	——→		6	
4	——→		1	1
答		6	7	1

所以457+214=671

（2）计算3721＋1428=______

将1428写在第一列加号的下面，3721写在第一行第三四五六列。然后对应位置的数字相加：1＋3=4，4＋7=11，2＋2=4，8＋1=9分别写在对应的位置上。最后将四个数字竖向相加，得到5149。

+		3	7	2	1
1	→	4	↓	↓	↓
4	→	1	1		
2	——→			4	
8	——→				9
答		5	1	4	9

所以3721＋1428=5149

（3）计算358＋14=______

因为数位不相等，所以在14前面加上0补足位数。将014写在第一列加号的下面，358写在第一行第三四五列。然后对应位置的数字相加：0＋3=3，1＋5=6，4＋8=12，分别写在对应的位置上。最后将三个数字竖向相加，得到372。

+		3	5	8
0	→	3	↓	↓
1	——→		6	
4	——→		1	2
答		3	7	2

所以358＋14=372

注意

（1）前面空一位是为进位考虑，在最高位相加大于10时向前进位。

（2）两个加数的位数要一致，如果不足，将少的用0补足。

练习

（1）计算126＋671=______

（2）计算987＋126=______

（3）计算1265＋529=______

（4）计算465 + 2365=______

（5）计算3502 + 6545=______

（6）计算1328 + 7262=______

8. 计算连续自然数的和

★首先我们来计算从1开始的连续自然数的和。

方法

将最后一个数与比它大1的数相乘，然后除以2，即可。

例子

（1）计算$1+2+3+4+5+6+7+8=$______

$8\times(8+1)\div2=36$

所以$1+2+3+4+5+6+7+8=36$

（2）计算$1+2+3+4+\cdots\cdots+19+20=$______

$20\times(20+1)\div2=210$

所以$1+2+3+4+\cdots\cdots+19+20=210$

（3）计算$1+2+3+4+\cdots\cdots+99+100=$______

$100\times(100+1)\div2=5050$

所以$1+2+3+4+\cdots\cdots+99+100=5050$

★现在我们来计算任意连续自然数的和。

方法

（1）用上面的方法，计算从1到最后一个数的和。

（2）计算从1到第一个数的前面一个数的和。

（3）上面两个结果相减，即可。

例子

（1）计算$8+9+10+11+12=$______

首先计算$1+2+3+\cdots\cdots+12$

$12\times(12+1)\div2=78$

再计算$1+2+3+\cdots\cdots+7$

$7\times(7+1)\div2=28$

两式的差为$78-28=50$

所以$8+9+10+11+12=50$

（2）计算$11+12+13+\cdots\cdots+20=$______

$20\times(20+1)\div2=210$

$10\times(10+1)\div2=55$

所以$11+12+13+\cdots\cdots+20=210-55=155$

（3）计算$51+52+53+\cdots\cdots+100=$______

$100\times(100+1)\div2=5050$

$50\times(50+1)\div2=1275$

所以$51+52+53+\cdots\cdots+100=5050-1275=3775$

注意

我们发现了以下有意思的规律：

$1+2+3+\cdots\cdots+10=55$

$11+12+13+\cdots\cdots+20=155$

$21+22+23+\cdots\cdots+30=255$

$31+32+33+\cdots\cdots+40=355$

$41+42+43+\cdots\cdots+50=455$

$51+52+53+\cdots\cdots+60=555$

……

练习

（1）计算1＋2＋3＋……＋199＋200=______

（2）计算18＋19＋20＋21＋22=______

（3）计算9＋10＋11＋12＋13＋14＋15=______

（4）计算50＋51＋……＋64＋65=______

（5）计算10＋11＋……＋31＋32=______

（6）计算1＋2＋……＋999＋1000=______

第二章　印度减法计算法

1. 从左往右计算减法

我们做减法的时候，也跟加法一样，一般都是从右往左计算，这样方便借位。而在印度，他们都是从左往右算的。

方法

（1）我们以减数为三位数为例。先用被减数减去减数的整百数。

（2）用上一步的结果减去减数的整十数。

（3）用上一步的结果减去减数的个位数，即可。

例子

（1）计算458 − 214=______

首先计算458 − 200=258

其次计算258 − 10=248

再计算248 − 4=244

所以458 − 214=244

（2）计算88 − 21=______

首先计算88 − 20=68

再计算68 − 1=67

所以88 − 21=67

（3）计算9125－1186=______

9125－1000=8125

8125－100=8025

8025－80=7945

7945－6=7939

所以9125－1186=7939

注意

这种方法其实就是把减数分解成容易计算的数进行计算。

练习

（1）计算58－21=______

（2）计算848－164=______

（3）计算856－245=______

（4）计算2648－214=______

（5）计算5128－1154=______

（6）计算43958－12614=______

2. 两位数的减法运算

如果两个数都是两位数，那么我们可以把它们分别分解成十位和个位两部分，然后分别进行计算，最后相加。

方法

（1）把被减数分解成十位加个位的形式，把减数分解成整十数减去补数的形式。

（2）把两个十位数字相减。

（3）把两个个位数字相减。

（4）把上两步的结果相加，注意进位。

例子

（1）计算62－38=______

首先把被减数分解成60＋2的形式，

减数分解成40－2的形式。

计算十位60－40=20

再计算个位2－（－2）=4

结果就是20＋4=24

所以62－38=24

（2）计算75－24=______

75=70＋5，24=30－6

70－30=40

5－（－6）=11

40＋11=51

所以75－24=51

（3）计算96－29=______

96=90＋6，29=30－1

90－30=60

6－（－1）=7

60＋7=67

所以96－29=67

练习

（1）计算58－14=______

（2）计算45－21=______

（3）计算94－56=______

（4）计算85－46=______

（5）计算58－43=______

（6）计算87－39=______

3. 两位数减一位数的运算

如果被减数是两位数，减数是一位数，那我们也可以把它们分别分解成十位和个位两部分，然后分别进行计算，最后相加。

方法

（1）把被减数分解成十位加个位的形式，把减数分解成10减去补数的形式。
（2）把两个十位数字相减。
（3）把两个个位数字相减。
（4）把上两步的结果相加，注意进位。

例子

（1）计算22－8=______

首先把被减数分解成20＋2的形式，
减数分解成10－2的形式。
计算十位20－10=10
再计算个位2－（－2）=4
结果就是10＋4=14

所以22－8=14

（2）计算75－4=______

75=70＋5，4=10－6
70－10=60
5－（－6）=11
60＋11=71

所以75－4=71

（3）计算88－9=______

88=80＋8，9=10－1

80－10=70

8－（－1）=9

70＋9=79

所以88－9=79

练习

（1）计算52－4=______

（2）计算87－9=______

（3）计算75 − 7=______

（4）计算42 − 8=______

（5）计算63 − 8=______

（6）计算32 − 9=______

4. 三位数减两位数的运算

方法

（1）把被减数分解成百位加上一个数的形式，把减数分解成整十数减去补数的形式。

（2）用被减数的百位与减数的整十数相减。

（3）用被减数的剩余数字与减数所减的数字相加。

（4）把上两步的结果相加，注意进位。

例子

（1）计算212－28=______

首先把被减数分解成200＋12的形式，

减数分解成30－2的形式。

计算百位与整十数的差200－30=170

再计算剩余数字与所减数字的和12＋2=14

结果就是170＋14=184

所以212－28=184

（2）计算105－84=______

105=100＋5，84=90－6

100－90=10

5＋6=11

10＋11=21

所以105－84=21

（3）计算925－86=______

925=900＋25，86=90－4

900－90=810

25＋4=29

810＋29=839

所以925－86=839

练习

（1）计算458 − 14=______

（2）计算124 − 47=______

（3）计算528 − 89=______

（4）计算154－64=______

（5）计算994－89=______

（6）计算587－76=______

5. 三位数的减法运算

方法

（1）把被减数分解成百位加上一个数的形式，把减数分解成百位加上整十数减去补数的形式。

（2）用被减数的百位减去减数的百位，再减去整十数。

（3）用被减数的剩余数字与减数所减的数字相加。

（4）把上两步的结果相加，注意进位。

例子

（1）计算512 − 128=______

首先把被减数分解成500 + 12的形式，

减数分解成100 + 30 − 2的形式。

计算百位与百位和整十数的差500 − 100 − 30=370

再计算剩余数字与所减数字的和12 + 2=14

结果就是370 + 14=384

所以512 − 128=384

（2）计算806 − 174=______

806=800 + 6，174=100 + 80 − 6

800 − 100 − 80=620

6 + 6=12

620 + 12=632

所以806 − 174=632

（3）计算916 − 573=______

916=900 + 16，573=500 + 80 − 7

900 − 500 − 80=320

16 + 7=23

320 + 23=343

所以916 − 573=343

练习

（1）计算528－157=______

（2）计算469－418=______

（3）计算694－491=______

（4）计算382 − 164=______

（5）计算728 − 409=______

（6）计算485 − 168=______

6. 巧用补数算减法

前面我们提过：补数是一个数为了成为某个标准数而需要加的数。一般来说，一个数的补数有2个，一个是与其相加得该位上最大数（9）的数，另一个是与其相加能进到下一位的数（和为10）。

在这里，我们就会用到两种补数了。

方法

只需我们分别计算出个位上的数字相对于10的补数，和其他位上相对于9的补数，写在相应的数字下即可。

例子

（1）计算1000－586=______

5　8　6

4　1　4

所以1000－586=414

（2）计算100000－86572=______

8　6　5　7　2

1　3　4　2　8

所以100000－86572=13428

（3）计算1443－854=______

先计算出1000－854

8　5　4

1　4　6

所以1000－854=146

1443－854=146＋443

=146＋400＋40＋3

=589

所以1443－854=589

练习

（1）计算1000 – 518=______

（2）计算10000 – 4894=______

（3）计算4258 – 524=______

（4）计算1098 − 465=______

（5）计算9458 − 684=______

（6）计算1855 − 794=______

7. 用凑整法算减法

方法

将被减数和减数同时加上或者同时减去一个数，使得减数成为一个整数从而方便计算。

例子

（1）计算85－21=______

首先将被减数和减数同时减去1

即被减数变为85－1=84

减数变为21－1=20

然后用84－20=64

所以85－21=64

（2）计算458－195=______

首先将被减数和减数同时加上5

即被减数变为458＋5=463

减数变为195＋5=200

然后用463－200=263

所以458－195=263

（3）计算2816－911=______

首先将被减数和减数同时减去11

即被减数变为2816－11=2805

减数变为911－11=900

然后用2805－900=1905

所以2816－911=1905

练习

（1）计算9458－2104=______

（2）计算4582－495=______

（3）计算428－189=______

（4）计算8458 − 2014=______

（5）计算654 − 411=______

（6）计算9548 − 4608=______

第三章　印度乘法计算法

1. 十位数相同、个位相加为10的两位数相乘

方法

（1）两个乘数的个位上的数字相乘为积的后两位数字（不足用0补）。

（2）十位相乘时应按N×（N+1）的方法进行，得到的积直接写在个位相乘所得的积前面。

如a3×a7，则先得到3×7=21，然后计算a×（a+1）放在21前面即可。

推导

我们以63×67=______为例，可以画出下图：

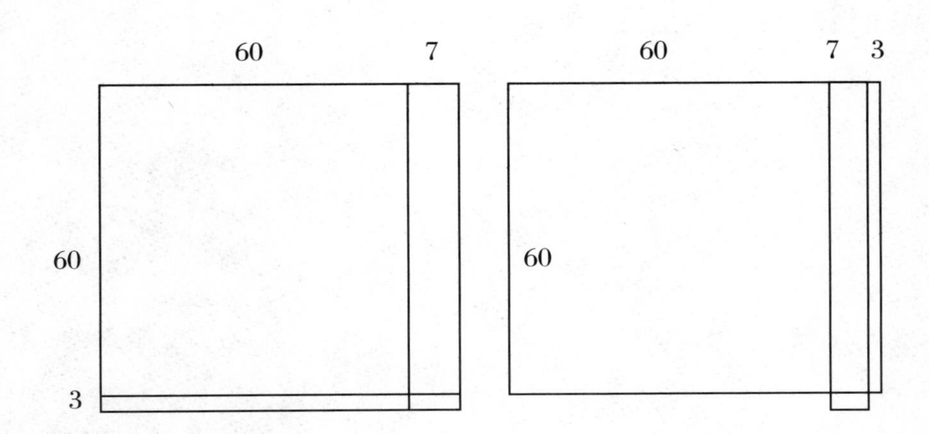

如上图所示，因为个位数相加为10，所以可以拼成一个a×（a+10）的长方形，又因为a的个位是0，所以上面大的长方形面积的后两位数一定都是0。加上多出来的那个小长方形的面积，即为结果。

例子

（1）计算39×31=______

$9\times1=9$

$3\times(3+1)=12$

所以39×31=1209

（2）计算72×78=______

$2\times8=16$

$7\times(7+1)=56$

所以72×78=5616

（3）计算94×96=______

$4\times6=24$

$9\times(9+1)=90$

所以94×96=9024

练习

（1）计算91×99=______

（2）计算38×32=______

（3）计算43 × 47=______

（4）计算85 × 85=______

（5）计算62 × 68=______

（6）计算96 × 94=______

2. 个位数相同、十位相加为10的两位数相乘

方法

（1）两个乘数的个位上的数字相乘为积的后两位数字（不足用0补）。

（2）两个乘数的十位上的数字相乘后加上个位上的数字为百位和千位数字。

例子

（1）计算$93\times13=$______

$3\times3=9$

$9\times1+3=12$

所以$93\times13=1209$

（2）计算$27\times87=$______

$7\times7=49$

$2\times8+7=23$

所以$27\times87=2349$

（3）计算$74\times34=$______

$4\times4=16$

$7\times3+4=25$

所以$74\times34=2516$

练习

（1）计算$95\times15=$______

（2）计算$37 \times 77=$______

（3）计算$21 \times 81=$______

（4）计算$63 \times 43=$______

（5）计算$28 \times 88=$______

（6）计算$47 \times 67=$______

3. 十位数相同的两位数相乘

方法

（1）把被乘数和乘数十位上数字的整十数相乘。

（2）把被乘数和乘数个位上的数相加，乘以十位上数字的整十数。

（3）把被乘数和乘数个位上数字相乘。

（4）把前三步所得结果加起来，即为结果。

推导

我们以17×15=_____为例，可以画出下图：

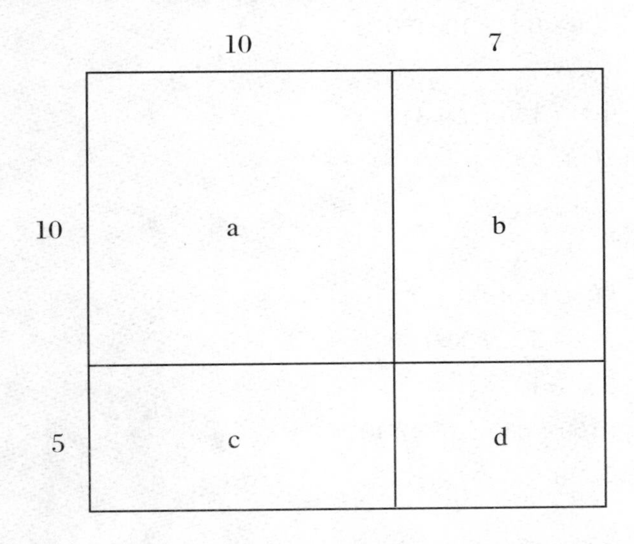

可以看出，上图面积可以分为abcd四个部分，其中a部分为被乘数和乘数十位上数字的整十数相乘。b、c两部分为被乘数和乘数个位上的数相加，乘以十位上数字的整十数。d部分为被乘数和乘数个位上数字相乘。和即为总面积。

例子

（1）计算$39\times38=$______

$30\times30=900$

$(9+8)\times30=510$

$9\times8=72$

$900+510+72=1482$

所以$39\times38=1482$

（2）计算$19\times18=$______

$10\times10=100$

$(9+8)\times10=170$

$9\times8=72$

$100+170+72=342$

所以$19\times18=342$

（3）计算$92\times95=$______

$90\times90=8100$

$(2+5)\times90=630$

$2\times5=10$

$8100+630+10=8740$

所以$92\times95=8740$

练习

（1）计算$31\times34=$______

（2）计算$42 \times 45=$______

（3）计算$62 \times 67=$______

（4）计算$93 \times 95=$______

（5）计算$78\times79=$______

（6）计算$52\times59=$______

4. 三位以上的数字与11相乘

方法

（1）把和11相乘的乘数写在纸上，中间和前后留出适当的空格。

如abcd × 11，则将乘数abcd写成：

a b c d

（2）将乘数中相邻的两位数字依次相加求出的和依次写在乘数下面留出的空位上。

a b c d

a+b b+c c+d

（3）将乘数的首位数字写在最左边，乘数的末尾数字写在最右边。

a b c d

a a+b b+c c+d d

（4）第二排的计算结果即为乘数乘以11的结果（注意进位）。

例子一

（1）计算85436 × 11=______

8 5 4 3 6

8 8+5 5+4 4+3 3+6 6

8 13 9 7 9 6

进位：9 3 9 7 9 6

所以85436 × 11=939796

（2）计算123456 × 11=______

1 2 3 4 5 6

1 1+2 2+3 3+4 4+5 5+6 6

1 3 5 7 9 11 6

进位：1 3 5 8 0 1 6

所以123456 × 11=1358016

（3）计算1342×11=______

	1		3		4		2	
1		1+3		3+4		4+2		2
1		4		7		6		2

所以1342×11=14762

其实这种方法也适用于两位和三位数乘以11的情况，只是过于简单，规律没那么明显。

例子二

（1）计算11×11=______

	1		1	
1		1+1		1
1		2		1

所以11×11=121

（2）计算123×11=______

	1		2		3	
1		1+2		2+3		3
1		3		5		3

所以123×11=1353

（3）计算798×11=______

		7		9		8	
	7		7+9		9+8		8
	7		16		17		8
进位：	8		7		7		8

所以798×11=8778

扩展阅读

11与“杨辉三角”

杨辉三角形，又称贾宪三角形、帕斯卡三角形，是二项式系数在三角形中的一种几何排列。

1

1 1

1 2 1

1 3 3 1

1 4 6 4 1

1 5 10 10 5 1

杨辉三角形同时对应于二项式定理的系数。n次的二项式系数对应杨辉三角形的n＋1行。

例如在（a＋b）2=a2＋2ab＋b2中，2次的二项式正好对应杨辉三角形第3行系数1、2、1。

除此之外，也许你还会发现，这个三角形从第二行开始，是上一行的数乘以11所得的积。

1

1 1　　$1\times11=11$

1 2 1　　$11\times11=121$

1 3 3 1　　$121\times11=1331$

1 4 6 4 1　　$1331\times11=14641$

1 5 10 10 5 1　　$14641\times11=161051$

练习

（1）计算$2445235\times11=$______

（2）计算$376385 \times 11=$______

（3）计算$635 \times 11=$______

（4）计算$38950 \times 11=$______

（5）计算7385×11=______

（6）计算35906×11=______

5. 三位以上的数字与111相乘

方法

（1）把和111相乘的乘数写在纸上，中间和前后留出适当的空格。

如abc × 111，积的第一位为a，第二位为a + b，第三位为a + b + c，第四位为b + c，第五位为c。

（2）结果即为被乘数乘以111的结果（注意进位）。

例子

（1）计算543 × 111=______

积第一位为5，

第二位为5 + 4=9，

第三位为5 + 4 + 3=12，

第四位为4 + 3=7，

第五位为3。

即结果为5　9　12　7　3

进位后为60273

所以543 × 111=60273

如果被乘数为四位数abcd，那么积的第一位为a，第二位为a + b，第三位为a + b + c，第四位为b + c + d，第五位为c + d，第六位为d。

（2）计算5123 × 111=______

积第一位为5，

第二位为5 + 1=6，

第三位为5 + 1 + 2=8，

第四位为1 + 2 + 3=6，

第五位为2 + 3=5，

第六位为3。

即结果为5　6　8　6　5　3

所以5123 × 111=568653

如果被乘数为五位数abcde，那么积的第一位为a，第二位为a＋b，第三位为a＋b＋c，第四位为b＋c＋d，第五位为c＋d＋e，第六位为d＋e，第七位是e。

（3）计算12345×111=______

积第一位为1，

第二位为1＋2=3，

第三位为1＋2＋3=6，

第四位为2＋3＋4=9，

第五位为3＋4＋5=12，

第六位为4＋5=9，

第七位是5。

即结果为1　3　6　9　12　9　5

进位后为1　3　7　0　2　9　5

所以12345×111=1370295

注意

同样，更多位数乘以111的结果也都可以用相应的简单计算法计算，大家可以自己试着推算一下相应的公式。

练习

（1）计算235×111=______

（2）计算$315 \times 111=$______

（3）计算$12567 \times 111=$______

（4）计算$111111 \times 111=$______

（5）计算78653 × 111=______

（6）计算987654321 × 111=______

6. 任意数与9相乘

方法

（1）将这个数后面加个“0”。

（2）用上一步的结果减去这个数，即为结果。

例子

（1）计算$3 \times 9=$______

3后面加0变为30

减去这个数3，即$30-3=27$。

所以$3 \times 9=27$

（2）计算$53 \times 9=$______

53后面加0变为530

减去这个数53，即$530-53=477$。

所以$53 \times 9=477$

（3）计算$365 \times 9=$______

365后面加0变为3650

减去这个数365，即$3650-365=3285$

所以$365 \times 9=3285$

练习

（1）计算$9 \times 9=$______

（2）计算$45\times9=$______

（3）计算$135\times9=$______

（4）计算$3821\times9=$______

（5）计算$85351 \times 9=$______

（6）计算$315654 \times 9=$______

7. 任意数与99相乘

方法

（1）将这个数后面加两个“0”。

（2）用上一步的结果减去这个数，即为结果。

例子

（1）计算3 × 99=______

3后面加00变为300

减去这个数3，即300 − 3=297。

所以3 × 99=297

（2）计算35 × 99=______

35后面加00变为3500

减去这个数35，即3500 − 35=3465。

所以35 × 99=3465

（3）计算435 × 99=______

435后面加00变为43500

减去这个数35，即43500 − 435=43065。

所以435 × 99=43065

练习

（1）计算5 × 99=______

（2）计算$16\times99=$______

（3）计算$315\times99=$______

（4）计算$2355\times99=$______

（5）计算$11111 \times 99=$______

（6）计算$2596453 \times 99=$______

8. 任意数与999相乘

方法

（1）将这个数后面加三个“0”。

（2）用上一步的结果减去这个数，即为结果。

例子

（1）计算3×999=______

3后面加000变为3000

减去这个数3，即3000－3=2997。

所以3×999=2997

（2）计算26×999=______

26后面加000变为26000

减去这个数26，即26000－26=25974。

所以26×999=25974

（3）计算2586×999=______

2586后面加000变为2586000

减去这个数2586，即2586000－2586=2583414。

所以2586×999=2583414

练习

（1）计算12×999=______

（2）计算$9 \times 999=$______

（3）计算$870 \times 999=$______

（4）计算$7635 \times 999=$______

（5）计算$3985\times999=$______

（6）计算$31235\times999=$______

9. 11～19之间的整数相乘

方法

（1）把被乘数跟乘数的个位数加起来。

（2）把被乘数的个位数乘以乘数的个位数。

（3）把第一步的答案乘以10。

（4）加上第二步的答案，即可。

推导

我们以$18\times17=$____为例，可以画出下图：

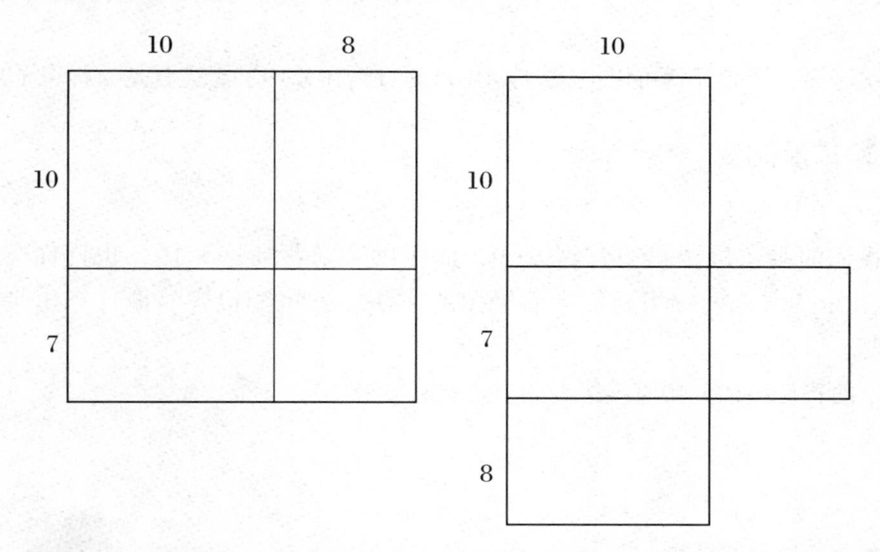

如上图所示，可以拼成一个10×（17＋8）的长方形，再加上多出来的那个小长方形的面积，即为结果。

例子

（1）计算$19\times13=$______

$19+3=22$

$9\times3=27$

$22\times10+27=247$

所以$19\times13=247$

（2）计算$19\times19=$______

$19+9=28$

$9\times9=81$

$28\times10+81=361$

所以$19\times19=361$

（3）计算$11\times14=$______

$11+4=15$

$1\times4=4$

$15\times10+4=154$

所以$11\times14=154$

就这样，用心算就可以很快地算出 11×11到19×19了。这真是太神奇了！

扩展阅读

19×19段乘法表

我们的乘法口诀只需背到9×9，而印度要求背到19×19，也许你会不知道怎么办。别急，应用我们上面给出的方法，你也能很容易地计算出来，试试看吧！

下面我们将19×19段乘法表列出给大家参考。

19×19段乘法表

×	1	2	3	4	5	6	7	8	9	10	11	12	13	14	15	16	17	18	19
1	1	2	3	4	5	6	7	8	9	10	11	12	13	14	15	16	17	18	19
2	2	4	6	8	10	12	14	16	18	20	22	24	26	28	30	32	34	36	38
3	3	6	9	12	15	18	21	24	27	30	33	36	39	42	45	48	51	54	57
4	4	8	12	16	20	24	28	32	36	40	44	48	52	56	60	64	68	72	76
5	5	10	15	20	25	30	35	40	45	50	55	60	65	70	75	80	85	90	95
6	6	12	18	24	30	36	42	48	54	60	66	72	78	84	90	96	102	108	114
7	7	14	21	28	35	42	49	56	63	70	77	84	91	98	105	112	119	126	133
8	8	16	24	32	40	48	56	64	72	80	88	96	104	112	120	128	136	144	152
9	9	18	27	36	45	54	63	72	81	90	99	108	117	126	135	144	153	162	171
10	10	20	30	40	50	60	70	80	90	100	110	120	130	140	150	160	170	180	190
11	11	22	33	44	55	66	77	88	99	110	121	132	143	154	165	176	187	198	209
12	12	24	36	48	60	72	84	96	108	120	132	144	156	168	180	192	204	216	228
13	13	26	39	52	65	78	91	104	117	130	143	156	169	182	195	208	221	234	247
14	14	28	42	56	70	84	98	112	126	140	154	168	182	196	210	224	238	252	266
15	15	30	45	60	75	90	105	120	135	150	165	180	195	210	225	240	255	270	285
16	16	32	48	64	80	96	112	128	144	160	176	192	208	224	240	256	272	288	304
17	17	34	51	68	85	102	119	136	153	170	187	204	221	238	255	272	289	306	323
18	18	36	54	72	90	108	126	144	162	180	198	216	234	252	270	288	306	324	342
19	19	38	57	76	95	114	133	152	171	190	209	228	247	266	285	304	323	342	361

练习

（1）计算$12\times17=$______

（2）计算$14\times18=$______

（3）计算$11\times16=$______

（4）计算$18\times14=$______

（5）计算$15\times19=$______

10. 100～110之间的整数相乘

方法

（1）被乘数加上乘数个位上的数字。

（2）个位上的数字相乘。

（3）第2步的得数写在第1步得数之后（注意进位或用“0”补位）。

推导

我们以108×107=_____为例，可以画出下图：

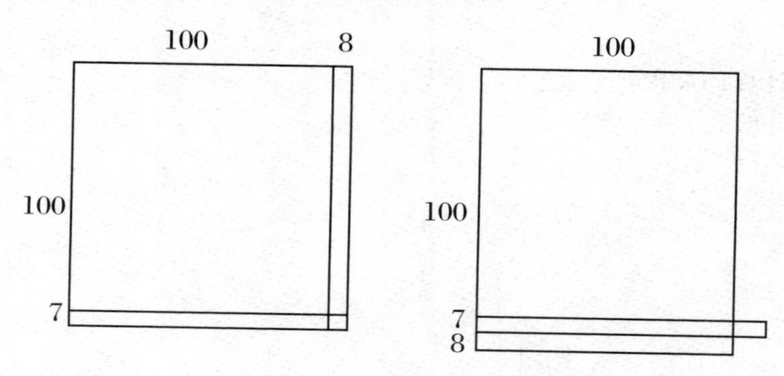

如上图所示，可以拼成一个100×（107+8）的长方形，因为一个数乘以100的后两位数一定都是0，所以在后面直接加上多出来的那个小长方形的面积，即为结果。

例子

（1）计算109×103=_______

109+3=112

9×3=27

所以109×103=11227

（2）计算102×101=_______

102+1=103

2×1=2

所以102×101=10302

（3）计算108 × 107=______

108 + 7=115

8 × 7=56

所以108 × 107=11556

练习

（1）计算102 × 110=______

（2）计算101 × 109=______

（3）计算105 × 104=______

（4）计算$102 \times 108=$______

（5）计算$107 \times 104=$______

（6）计算$103 \times 102=$______

11. 在三角格子里算乘法

方法

（1）把被乘数和乘数分别写在格子的上方和右方。

（2）对应的数位相乘，将乘积写在三角格子里，上面写十位数字，下面写个位数字。没有十位的用“0”补足。

（3）斜线延伸处为几个三角格子里的数字的和，这些数字即为乘积中某一位上的数字。

（4）注意进位。

例子

（1）计算54×25=______

如下图，将54和25写在格子的上方和右方。然后分别计算4×2=08，将0和8分别写在对应位置的三角格子里。同理，计算5×2=10，将1和0写在对应位置的三角格子里。再计算4×5和5×5。填满以后，在斜线的延伸处计算相应位置数字的和。即千位上的数字为1，百位的数字为2+0+0=2，十位上的数字为5+2+8=15（需要进位），个位上的数字为0。所以结果为1350。

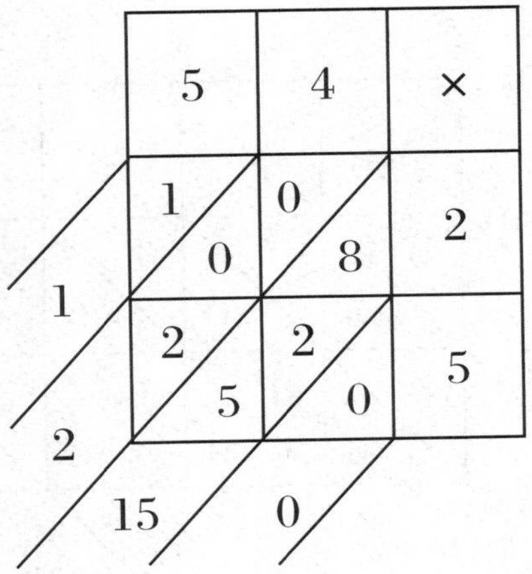

	5	4	×
1	1 / 0	0 / 8	2
2	2 / 5	2 / 0	5
	15	0	

所以54×25=1350

（2）计算543×258=______

5	4	3	×
1/0	0/8	0/6	2
2/5	2/0	1/5	5
4/0	3/2	2/4	8

1　2　19　10　9　4

结果为：1　2　19　10　9　4

进　位：1　4　0　0　9　4

所以543×258=140094

（3）计算1024×58=______

1	0	2	4	×
0/5	0/0	1/0	2/0	5
0/8	0/0	1/6	3/2	8

0　5　9　3　9　2

结果为：5　9　3　9　2

所以1024×58=59392

注意

此方法适用于多位数乘法。

练习

（1）计算$17\times28=$______

（2）计算$35\times147=$______

（3）计算$159\times973=$______

（4）计算$835\times54=$______

（5）计算$1856\times27=$______

（6）计算$2654\times186=$______

12. 在表格里算乘法

方法

（1）以两位数乘法为例，把被乘数和乘数分别拆分成整十数和个位数，写在网格的上方和左方。

（2）对应的数相乘，将乘积写在格子里。

（3）将所有格子填满之后，计算它们的和，即为结果。

例子

（1）计算12×13=______

×	10	2
10	10×10=100	2×10=20
3	10×3=30	2×3=6

再把格子里的四个数字相加：100+20+30+6=156

所以12×13=156

（2）计算52×28=______

×	50	2
20	50×20=1000	2×20=40
8	50×8=400	2×8=16

再把格子里的四个数字相加：1000+40+400+16=1456

所以52×28=1456

（3）计算22×123=______

×	20	2
100	20×100=2000	2×100=200
20	20×20=400	2×20=40
3	20×3=60	2×3=6

再把格子里的六个数字相加：2000+200+400+40+60+6=2706

所以22×123=2706

（4）计算586×127=______

×	500	80	6
100	500×100=50000	80×100=8000	6×100=600
20	500×20=10000	80×20=1600	6×20=120
7	500×7=3500	80×7=560	6×7=42

再把格子里的九个数字相加：

50000+8000+600+10000+1600+120+3500+560+42=74422

所以586×127=74422

注意

此方法适用于多位数乘法哦。

练习

（1）计算6×48=______

（2）计算36 × 57=______

（3）计算53 × 749=______

（4）计算625 × 898=______

（5）计算$3655\times138=$______

（6）计算$3867\times925=$______

13. 用四边形算两位数的乘法

方法

（1）把被乘数和乘数十位上数字的整十数相乘。

（2）交叉相乘，即把被乘数的整十数和乘数个位上的数字相乘，再把乘数整十数和被乘数个位上的数字相乘，将两个结果相加。

（3）把被乘数和乘数个位上数字相乘。

（4）把前三步所得结果加起来，即为结果。

推导

我们以$47\times32=$______为例，可以画出下图：

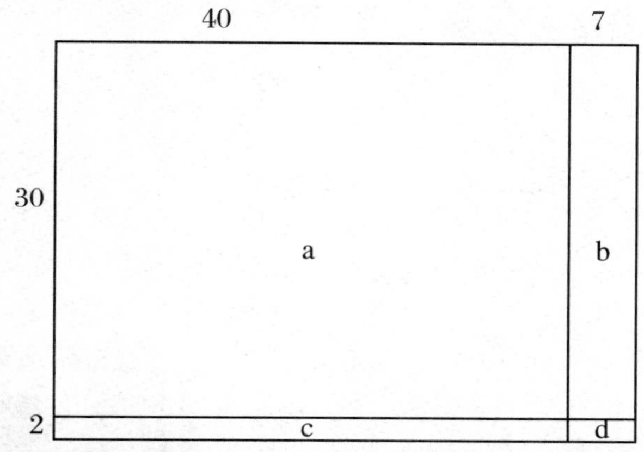

可以看出，上图面积可以分为abcd四个部分，其中a部分为被乘数和乘数十位上数字的整十数相乘。b部分为被乘数个位和乘数整十数相乘，c部分为乘数个位和被乘数整十数相乘。d部分为被乘数和乘数个位上数字相乘。和即为总面积。

例子

（1）计算$39\times48=$______

$30\times40=1200$

$30\times8+40\times9=240+360=600$

$9\times8=72$

$1200+600+72=1872$

所以$39\times48=1872$

（2）计算$98 \times 21=$______

$90 \times 20=1800$

$90 \times 1+20 \times 8=90+160=250$

$8 \times 1=8$

$1800+250+8=2058$

所以$98 \times 21=2058$

（3）计算$32 \times 17=$______

$30 \times 10=300$

$30 \times 7+10 \times 2=210+20=230$

$2 \times 7=14$

$300+230+14=544$

所以$32 \times 17=544$

练习

（1）计算$97 \times 47=$______

（2）计算$48 \times 74=$______

（3）计算$96\times87=$______

（4）计算$54\times33=$______

（5）计算$75\times58=$______

（6）计算$37\times65=$______

14. 用交叉计算法算两位数的乘法

方法

（1）用被乘数和乘数的个位上的数字相乘，所得结果的个位数写在答案的最后一位，十位数作为进位保留。

（2）交叉相乘，将被乘数个位上的数字与乘数十位上的数字相乘，被乘数十位上的数字与乘数个位上的数字相乘，求和后加上上一步中的进位，把结果的个位写在答案的十位数字上，十位上的数字作为进位保留。

（3）用被乘数和乘数的十位上的数字相乘，加上进位，写在前两步所得的结果前面，即可。

推导

我们假设两个数字分别为ab和xy，用竖式进行计算，得到：

$$
\begin{array}{ccc}
 & a & b \\
 & x & y \\
\hline
 & ay & by \\
ax & bx & \\
\hline
\end{array}
$$

$$ax / (ay + bx) / by$$

我们可以把这个结果当成一个两位数相乘的公式，这种方法将在你以后的学习中经常用到。

图示

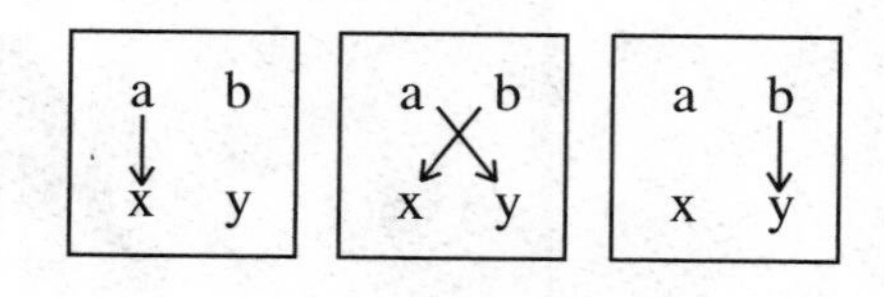

例子

（1）计算98×24=______

9 8

2 4

---

18 / 36+16 / 32

18 / 52 / 32

进 位：进5 进3

结果为：2352

所以98×24=2352

（2）计算35×28=______

3 5

2 8

---

6 / 24+10 / 40

6 / 34 / 40

进 位：进3 进4

结果为：980

所以35×28=980

（3）计算93×57=______

9 3

5 7

---

45 / 63+15 / 21

45 / 78 / 21

进 位：进8 进2

结果为：5301

所以93×57=5301

练习

（1）计算$65 \times 88=$______

（2）计算$35 \times 69=$______

（3）计算$65 \times 85=$______

（4）计算$36\times74=$______

（5）计算$74\times25=$______

（6）计算$17\times74=$______

15. 三位数与两位数相乘

三位数与两位数相乘也可以用交叉计算法，只是比两位数相乘复杂一些而已。

方法

（1）用三位数和两位数的个位上的数字相乘，所得结果的个位数写在答案的最后一位，十位数作为进位保留。

（2）交叉相乘1，将三位数个位上的数字与两位数十位上的数字相乘，三位数十位上的数字与两位数个位上的数字相乘，求和后加上上一步中的进位，把结果的个位写在答案的十位数字上，十位上的数字作为进位保留。

（3）交叉相乘2，将三位数十位上的数字与两位数十位上的数字相乘，三位数百位上的数字与两位数个位上的数字相乘，求和后加上上一步中的进位，把结果的个位写在答案的百位数字上，十位上的数字作为进位保留。

（4）用三位数百位上的数字和两位数的十位上的数字相乘，加上上一步的进位，写在前三步所得的结果前面，即可。

推导

我们假设两个数字分别为abc和xy，用竖式进行计算，得到：

$$
\begin{array}{cccc}
 & a & b & c \\
 & & x & y \\
\hline
 & ay & by & cy \\
ax & bx & cx & \\
\hline
\end{array}
$$

ax /（ay + bx）/（by + cx）/ cy

我们来对比一下，这个结果与两位数的交叉相乘有什么区别，你会发现它们的原理是一样的，只是多了一次交叉计算而已。

图示

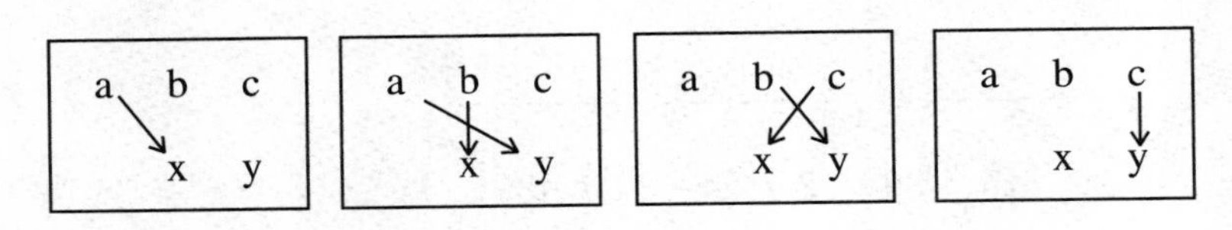

例子

（1）计算298×24=______

　　2　9　8

　　　　2　4

4 / 8+18 / 36+16 / 32

4 /　26　/　52　/ 32

进　位：进3　　进5　　进3

结果为：7152

所以298×24=7152

（2）计算123×36=______

　　1　2　3

　　　　3　6

3 / 6+6 / 12+9 / 18

3 /　12　/　21　/ 18

进　位：进1　进2　　进1

结果为：4428

所以123×36=4428

（3）计算548×36=______

5　4　8

　3　6

---

15 / 30+12 / 24+24 / 48

15 / 　42　 / 　48　 / 48

进　位：进4　　进5　　进4

结果为：19728

所以548×36=19728

练习

（1）计算327×35=______

（2）计算633×57=______

（3）计算956×31=______

（4）计算$825 \times 65=$______

（5）计算$758 \times 24=$______

（6）计算$468 \times 36=$______

16. 三位数乘以三位数

方法

（1）用被乘数和乘数的个位上的数字相乘，所得结果的个位数写在答案的最后一位，十位数作为进位保留。

（2）交叉相乘1，将被乘数个位上的数字与乘数十位上的数字相乘，被乘数十位上的数字与乘数个位上的数字相乘，求和后加上上一步中的进位，把结果的个位写在答案的十位数字上，十位上的数字作为进位保留。

（3）交叉相乘2，将被乘数百位上的数字与乘数个位上的数字相乘，被乘数十位上的数字与乘数十位上的数字相乘，被乘数个位上的数字与乘数百位上的数字相乘，求和后加上上一步中的进位，把结果的个位写在答案的百位数字上，十位上的数字作为进位保留。

（4）交叉相乘3，将被乘数百位上的数字与乘数十位上的数字相乘，被乘数十位上的数字与乘数百位上的数字相乘，求和后加上上一步中的进位，把结果的个位写在答案的千位数字上，十位上的数字作为进位保留。

（5）用被乘数百位上的数字和乘数百位上的数字相乘，加上上一步的进位，写在前三步所得的结果前面，即可。

推导

我们假设两个数字分别为abc和xyz，用竖式进行计算，得到：

$$
\begin{array}{ccccc}
 & & a & b & c \\
 & & x & y & z \\
\hline
 & & az & bz & cz \\
 & ay & by & cy & \\
ax & bx & cx & & \\
\hline
\end{array}
$$

$$ax / (ay + bx) / (az + by + cx) / (bz + cy) / cz$$

图示

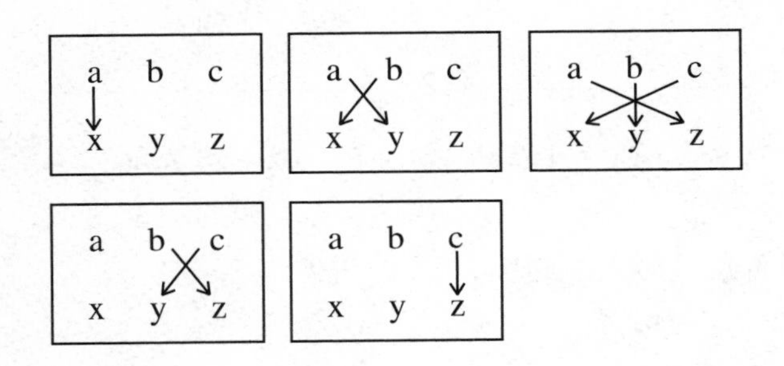

例子

（1）计算298×324=______

2　9　8

3　2　4

---

6 / 4+27 / 8+18+24 / 36+16 / 32

6 /　31　/　　50　　/　52　/ 32

进　位：进3　　进5　　　　进5　　　进3

结果为：96552

所以298×324=96552

（2）计算135×246=______

1　3　5

2　4　6

---

2 / 4+6 / 6+12+10 / 18+20 / 30

2 /　10　/　　28　　/　38　/ 30

进　位：进1　　进3　　　　进4　　　进3

结果为：33210

所以135×246=33210

（3）计算568×167=______

5　6　8

1　6　7

---

5 / 30+6 / 35+36+8 / 42+48 / 56

5 / 36 / 79 / 90 / 56

进　位：进4　进8　进9　进5

结果为：94856

所以568×167=94856

扩展阅读

类似的，你还可以用这种方法计算五位数、六位数、七位数……与两位数相乘，只是每多一位数需要多一次交叉计算而已，简单吧！

练习

（1）计算265×135=______

（2）计算563×498=______

（3）计算359×468=______

（4）计算654×957=______

（5）计算145×364=______

（6）计算458×248=______

17. 四位数与两位数相乘

学会了两位数、三位数与两位数相乘，那么四位数与两位数相乘相信也难不倒你了吧。它依然可以用交叉计算法，只是比三位数再复杂一些而已。

方法

（1）用四位数和两位数的个位上的数字相乘，所得结果的个位数写在答案的最后一位，十位数作为进位保留。

（2）交叉相乘1，将四位数个位上的数字与两位数十位上的数字相乘，四位数十位上的数字与两位数个位上的数字相乘，求和后加上上一步中的进位，把结果的个位写在答案的十位数字上，十位上的数字作为进位保留。

（3）交叉相乘2，将四位数十位上的数字与两位数十位上的数字相乘，四位数百位上的数字与两位数个位上的数字相乘，求和后加上上一步中的进位，把结果的个位写在答案的百位数字上，十位上的数字作为进位保留。

（4）交叉相乘3，将四位数百位上的数字与两位数十位上的数字相乘，四位数千位上的数字与两位数个位上的数字相乘，求和后加上上一步中的进位，把结果的个位写在答案的千位数字上，十位上的数字作为进位保留。

（5）用四位数千位上的数字和两位数的十位上的数字相乘，加上上一步的进位，写在前三步所得的结果前面，即可。

推导

我们假设两个数字分别为abcd和xy，用竖式进行计算，得到：

$$\begin{array}{ccccc} & a & b & c & d \\ & & & x & y \\ \hline & ay & by & cy & dy \\ ax & bx & cx & dx & \\ \hline \end{array}$$

$$ax / (ay + bx) / (by + cx) / (cy + dx) / dy$$

我们来对比一下，这个结果和三位数与两位数的交叉相乘有什么区别，你会发现他们的原理是一样的，只是又多了一次交叉计算而已。

图示

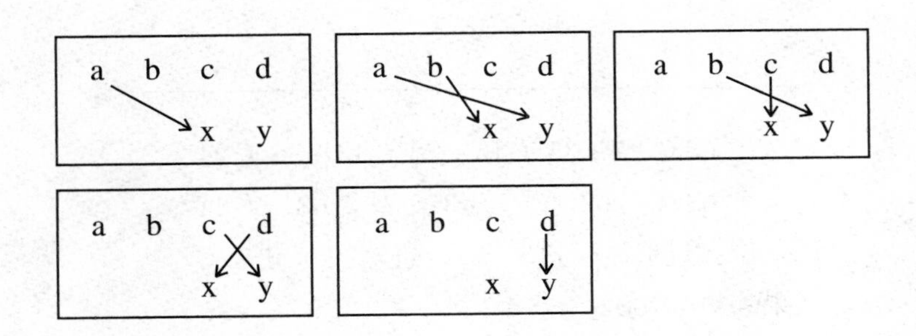

例子

（1）计算1298×24=______

1　2　9　8

　　　2　4

---

2 / 4+4 / 8+18 / 36+16 / 32

2 / 　8　 / 　26　 / 　52　 / 32

进　位：进1　　进3　　进5　　进3

结果为：31152

所以1298×24=31152

（2）计算2368×19=______

2　3　6　8

　　　1　9

---

2 / 18+3 / 27+6 / 54+8 / 72

2 / 　21　 / 　33　 / 　62　 / 72

进　位：进2　　进3　　进6　　进7

结果为：44992

所以2368×19=44992

（3）计算9548×73=______

9　5　4　8
　　　7　3

---

63 / 27+35 / 15+28 / 12+56 / 24
63 / 62 / 43 / 68 / 24

进　位：进6　进5　进7　进2

结果为：697004

所以9548×73=697004

扩展阅读

类似的，你还可以用这种方法计算五位数、六位数、七位数……与两位数相乘，只是每多一位数需要多一次交叉计算而已，简单吧！

练习

（1）计算1524×35=______

（2）计算2648×34=______

（3）计算1982 × 28=______

（4）计算3721 × 99=______

（5）计算6485 × 49=______

（6）计算1981 × 16=______

18. 四位数乘以三位数

方法

（1）用四位数和三位数的个位上的数字相乘，所得结果的个位数写在答案的最后一位，十位数作为进位保留。

（2）交叉相乘1，将四位数个位上的数字与三位数十位上的数字相乘，四位数十位上的数字与三位数个位上的数字相乘，求和后加上上一步中的进位，把结果的个位写在答案的十位数字上，十位上的数字作为进位保留。

（3）交叉相乘2，将四位数百位上的数字与三位数个位上的数字相乘，四位数十位上的数字与三位数十位上的数字相乘，四位数个位上的数字与三位数百位上的数字相乘，求和后加上上一步中的进位，把结果的个位写在答案的百位数字上，十位上的数字作为进位保留。

（4）交叉相乘3，将四位数千位上的数字与三位数个位上的数字相乘，四位数百位上的数字与三位数十位上的数字相乘，四位数十位上的数字与三位数百位上的数字相乘，求和后加上上一步中的进位，把结果的个位写在答案的千位数字上，十位上的数字作为进位保留。

（5）交叉相乘4，将四位数千位上的数字与三位数十位上的数字相乘，四位数百位上的数字与三位数百位上的数字相乘，求和后加上上一步中的进位，把结果的个位写在答案的万位数字上，十位上的数字作为进位保留。

（6）用四位数千位上的数字和三位数百位上的数字相乘，加上上一步的进位，写在前三步所得的结果前面，即可。

推导

我们假设两个数字分别为abcd和xyz，用竖式进行计算，得到：

```
        a   b   c   d
            x   y   z
   ─────────────────────
        az  bz  cz  dz
    ay  by  cy  dy
ax  bx  cx  dx
─────────────────────────────
```

ax /（ay + bx）/（az + by + cx）/（bz + cy + dx）/（cz + dy）/dz

图示

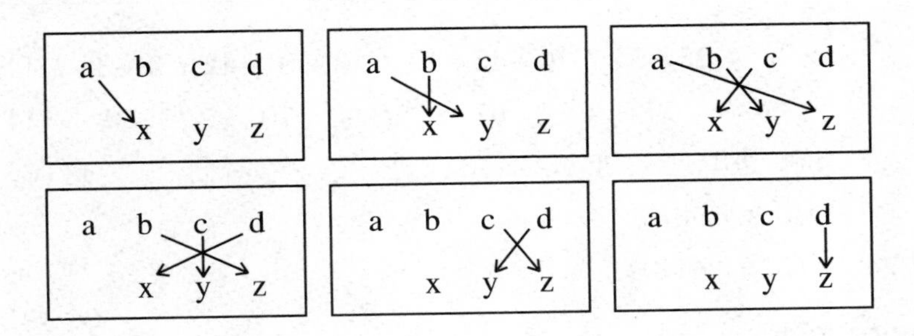

例子

（1）计算1298 × 324=______

```
            1   2   9   8
                3   2   4
─────────────────────────────────────────
3 / 2 + 6 / 4 + 4 + 27 / 8 + 18 + 24 / 36 + 16 / 32
3 /   8   /     35     /     50      /   52    / 32
```

进　位：进1　进4　进5　进5　进3

结果为：420552

所以1298 × 324=420552

（2）计算1234×246=______

```
        1  2  3  4
           2  4  6
```

2 / 4+4 / 6+8+6 / 12+12+8 / 18+16 / 24

2 / 8 / 20 / 32 / 34 / 24

进　位：进1　进2　进3　进3　进2

结果为：303564

所以1234×246=303564

（3）计算5927×652=______

```
        5  9  2  7
           6  5  2
```

30 / 25+54 / 10+45+12 / 18+10+42 / 4+35 / 14

30 / 79 / 67 / 70 / 39 / 14

进　位：进8　进7　进7　进4　进1

结果为：3864404

所以5927×652=3864404

扩展阅读

类似的，你还可以用这种方法计算五位数、六位数、七位数……与三位数相乘，只是每多一位数需要多一次交叉计算。

练习

（1）计算3824×315=______

（2）计算$3515 \times 168=$______

（3）计算$3335 \times 624=$______

（4）计算$6644 \times 365=$______

（5）计算$9855\times185=$______

（6）计算$8965\times648=$______

19. 用错位法算乘法

本方法与交叉计算法原理是一致的，只是写法略有不同，大家可以根据自己的喜好选择。

方法

（1）以两位数相乘为例，将被乘数和乘数的各位上的数字分开写。

（2）将乘数的个位分别与被乘数的个位和十位数字相乘，将所得的结果写在对应数位的下面。

（3）将乘数的十位分别与被乘数的个位和十位数字相乘，将所得的结果写在对应数位的下面。

（4）结果的对应的数位上的数字相加，即可。

例子

（1）计算97×26=______

		9	7
	×	2	6
		4	2
	5	4	
	1	4	
1	8		
1	14	12	2

进　位：　进1　进1

结果为：　2　5　2　2

所以97×26=2522

（2）计算21×18=______

		2	1
×		1	8
			8
	1	6	
		1	
	2		
	3	7	8

结果为：378

所以21×18=378

（3）计算284×149=______

		2	8	4
	×	1	4	9
			3	6
		7	2	
	1	8		
		1	6	
	3	2		
	8			
		4		
	8			
2				
2	20	22	11	6

进　位：　进2　进2　进1

结果为：4　2　3　1　6

所以284×149=42316

注意

（1）注意对准数位。乘数的某一位与被乘数的各个数位相乘时，结果的数位依次前移一位。

（2）本方法适用于多位数乘法。

练习

（1）计算$78\times35=$______

（2）计算$96\times34=$______

（3）计算$458\times25=$______

（4）计算364×758=______

（5）计算3115×128=______

（6）计算4728×365=______

20. 用节点法算乘法

方法

（1）将乘数画成向左倾斜的直线，各个数位分别画。

（2）将被乘数画成向右倾斜的直线，各个数位分别画。

（3）两组直线相交有若干的交点，数出每一列交点的个数和。

（4）按顺序写出这些和，即为结果（注意进位）。

例子

（1）计算112×231=______

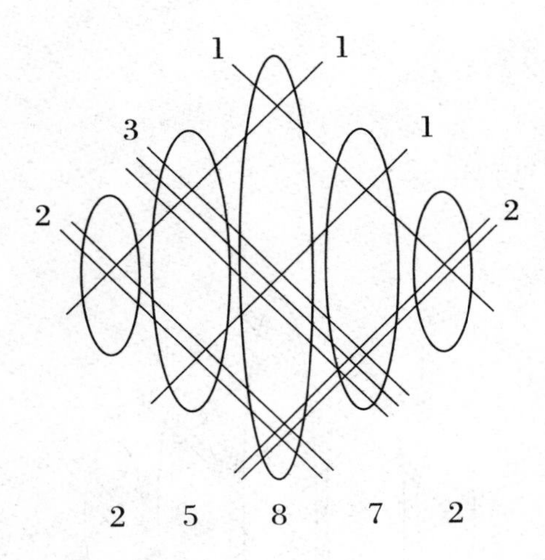

所以112×231=25872

（2）计算13×113=______

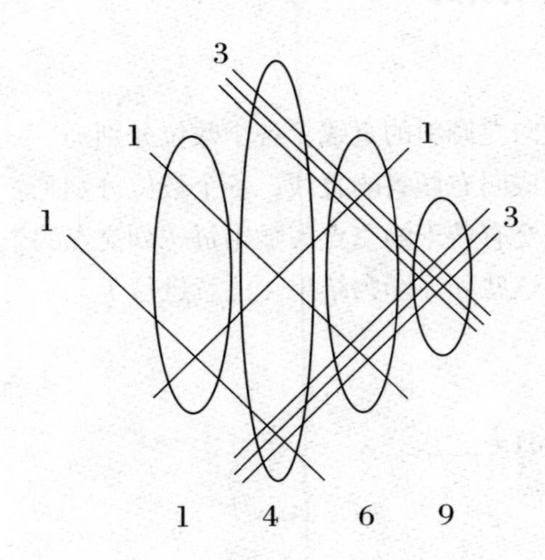

所以13×113=1469

（3）计算123×211=______

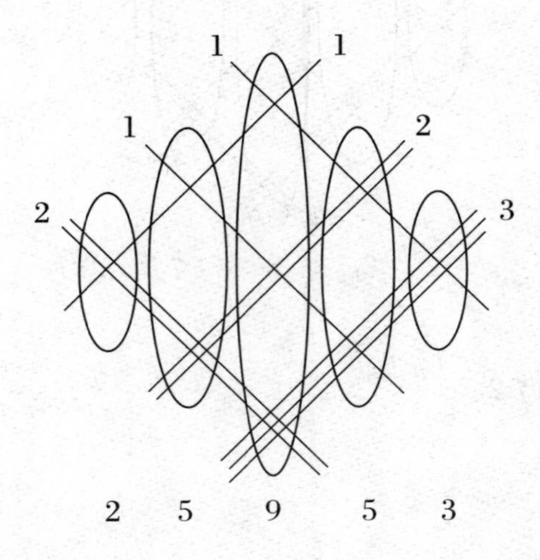

所以123×211=25953

练习

（1）计算$111 \times 111=$______

（2）计算$121 \times 212=$______

（3）计算$1433 \times 112=$______

（4）计算$1321 \times 111=$______

（5）计算$113 \times 311=$______

（6）计算$123 \times 321=$______

21. 用因数分解法算乘法

两位数的平方我们已经知道如何计算了，有了这个基础，我们可以运用因数分解法来使某些符合特定规律的乘法转变成简单的方式进行计算。这个特定的规律就是：相乘的两个数之间的差必须为偶数。

方法

（1）找出被乘数和乘数的中间数（只有相乘的两个数之差为偶数，它们才有中间数。）。

（2）确定被乘数和乘数与中间数之间的差。

（3）用因数分解法把乘法转变成平方差的形式进行计算。

例子

（1）计算$17\times13=$______

首先找出它们的中间数为15（求中间数很简单，即将两个数相加除以2即可，一般心算即可求出）。另外，计算出被乘数和乘数与中间数之间的差为2。

所以$17\times13=(15+2)\times(15-2)$

$=15^2-2^2$

$=225-4$

$=221$

所以$17\times13=221$

（2）计算$158\times142=$______

首先找出它们的中间数为150。另外，计算出被乘数和乘数与中间数之间的差为8。

所以$158\times142=(150+8)\times(150-8)$

$=150^2-8^2$

$=22500-64$

$=22436$

所以$158\times142=22436$

（3）计算$59\times 87=$______

首先找出它们的中间数为73。另外，计算出被乘数和乘数与中间数之间的差为14。

$$
\begin{aligned}
\text{所以}59\times 87&=(73-14)\times(73+14)\\
&=73^2-14^2\\
&=5329-196\\
&=5133
\end{aligned}
$$

所以$59\times 87=5133$

注意

被乘数与乘数相差越小，计算越简单。

练习

（1）计算$70\times 76=$______

（2）计算$58\times62=$______

（3）计算$711\times697=$______

（4）计算$27\times35=$______

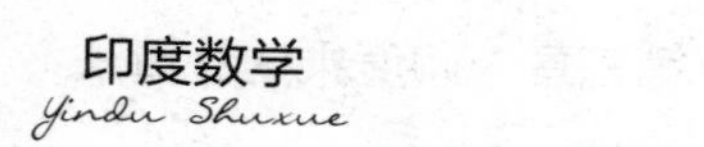

（5）计算$171\times175=$______

（6）计算$583\times591=$______

22. 用模糊中间数算乘法

有的时候，中间数的选择并不一定要取标准的中间数（即两个数的平均数），我们还可以为了方便计算，取凑整或者平方容易计算的数作为中间数。

方法

（1）找出被乘数和乘数的模糊中间数a（即与相乘的两个数的中间数最接近并且有利于计算的整数。）。

（2）分别确定被乘数和乘数与中间数之间的差b和c。

（3）用公式 $(a+b)\times(a+c)=a^2+a\times(b+c)+b\times c$ 进行计算。

例子

（1）计算 $47\times38=$______

首先找出它们的模糊中间数为40（与中间数最相近，并容易计算的整数）。另外，分别计算出被乘数和乘数与中间数之间的差为7和－2。

$$\begin{aligned}所以47\times38&=(40+7)\times(40-2)\\&=40^2+40\times(7-2)-7\times2\\&=1600+200-14\\&=1786\end{aligned}$$

所以 $47\times38=1786$

（2）计算 $72\times48=$______

首先找出它们的模糊中间数为50。另外，分别计算出被乘数和乘数与中间数之间的差为22和－2。

$$\begin{aligned}所以72\times48&=(50+22)\times(50-2)\\&=50^2+50\times(22-2)-22\times2\\&=2500+1000-44\\&=3456\end{aligned}$$

所以 $72\times48=3456$

（3）计算$112\times98=$______

首先找出它们的模糊中间数为100。另外，分别计算出被乘数和乘数与中间数之间的差为12和－2。

$$\begin{aligned}所以112\times98&=(100+12)\times(100-2)\\&=100^2+100\times(12-2)-12\times2\\&=10000+1000-24\\&=10976\end{aligned}$$

所以$112\times98=10976$

练习

（1）计算$73\times68=$______

（2）计算$65\times58=$______

（3）计算$111\times97=$______

（4）计算$207 \times 199=$______

（5）计算$591 \times 608=$______

（6）计算$93 \times 110=$______

23. 用较小数的平方算乘法

有的时候，我们还可以用较小的那个乘数作为所谓的“中间数”，来进行计算。这样会简单很多。

方法

（1）将被乘数和乘数中较大的数用较小的数加上一个差的形式表示出来。

（2）用公式$a\times b=(b+c)\times b=b^2+b\times c$进行计算。

例子

（1）计算$48\times 45=$______

$$
\begin{aligned}
48\times 45&=(45+3)\times 45\\
&=45^2+3\times 45\\
&=2025+135\\
&=2160
\end{aligned}
$$

所以$48\times 45=2160$

（2）计算$72\times 68=$______

$$
\begin{aligned}
72\times 68&=(68+4)\times 68\\
&=68^2+4\times 68\\
&=4624+272\\
&=4896
\end{aligned}
$$

所以$72\times 68=4896$

（3）计算$111\times 105=$______

$$
\begin{aligned}
111\times 105&=(105+6)\times 105\\
&=105^2+6\times 105\\
&=11025+630\\
&=11655
\end{aligned}
$$

所以$111\times 105=11655$

练习

（1）计算79 × 68=______

（2）计算98 × 88=______

（3）计算127 × 125=______

（4）计算$207\times205=$______

（5）计算$691\times680=$______

（6）计算$295\times312=$______

24. 接近50的数字相乘

方法

（1）设定50为基准数，计算出两个数与50之间的差。

（2）将被乘数与乘数竖排写在左边，两个差竖排写在右边，中间用斜线隔开。

（3）将上两排数字交叉相加所得的结果写在第三排的左边。

（4）将两个差相乘所得的积写在右边。

（5）将第3步的结果乘以基准数50，与第4步所得结果加起来，即为结果。

例子

（1）计算46×42=______

先计算出46、42与50的差，分别为－4，－8，因此可以写成下列形式：

46/－4

42/－8

交叉相加，46－8或42－4，都等于38。

两个差相乘，（－4）×（－8）=32。

因此可以写成：

46/－4

42/－8

38/32

38×50＋32=1932

所以46×42=1932

（2）计算53×42=______

先计算出53、42与50的差，分别为3，－8，因此可以写成下列形式：

53/3

42/－8

交叉相加，53－8或42＋3，都等于45。

两个差相乘，3×（－8）=－24。

因此可以写成：

53/3

42/－8

45/－24

45×50－24=2226

所以53×42=2226

（3）计算61×52=______

先计算出61、52与50的差，分别为11，2，因此可以写成下列形式：

61/11

52/2

交叉相加，61＋2或52＋11，都等于63。

两个差相乘，11×2=22。

因此可以写成：

61/11

52/2

63/22

63×50＋22=3172

所以61×52=3172

练习

（1）计算53×48=______

（2）计算47×51=______

（3）计算46×48=______

（4）计算53 × 55=______

（5）计算54 × 46=______

（6）计算51 × 55=______

25. 接近100的数字相乘

方法

（1）设定100为基准数，计算出两个数与100之间的差。

（2）将被乘数与乘数竖排写在左边，两个差竖排写在右边，中间用斜线隔开。

（3）将上两排数字交叉相加所得的结果写在第三排的左边。

（4）将两个差相乘所得的积写在右边。

（5）将第3步的结果乘以基准数100，与第4步所得结果加起来，即为结果。

例子

（1）计算$86\times92=$______

先计算出86、92与100的差，分别为-14，-8，因此可以写成下列形式：

$86/-14$

$92/-8$

交叉相加，$86-8$或$92-14$，都等于78。

两个差相乘，$(-14)\times(-8)=112$。

因此可以写成：

$86/-14$

$92/-8$

$78/112$

$78\times100+112=7912$

所以$86\times92=7912$

（2）计算$93\times112=$______

先计算出93、112与100的差，分别为-7，12，因此可以写成下列形式：

93/-7

112/12

交叉相加，$93+12$或$112-7$，都等于105。

两个差相乘，$(-7)\times12=-84$。

因此可以写成：

93/-7

112/12

105/-84

$105\times100-84=10416$

所以$93\times112=10416$

（3）计算$102\times113=$______

先计算出102、113与100的差，分别为2，13，因此可以写成下列形式：

102/2

113/13

交叉相加，$102+13$或$113+2$，都等于115。

两个差相乘，$2\times13=26$。

因此可以写成：

102/2

113/13

115/26

$115\times100+26=11526$

所以$102\times113=11526$

练习

（1）计算$115 \times 97=$______

（2）计算$106 \times 107=$______

（3）计算$98 \times 95=$______

（4）计算$89\times103=$______

（5）计算$112\times103=$______

（6）计算$105\times96=$______

26. 接近200的数字相乘

方法

（1）设定200为基准数，计算出两个数与200之间的差。

（2）将被乘数与乘数竖排写在左边，两个差竖排写在右边，中间用斜线隔开。

（3）将上两排数字交叉相加所得的结果写在第三排的左边。

（4）将两个差相乘所得的积写在右边。

（5）将第3步的结果乘以基准数200，与第4步所得结果加起来，即为结果。

例子

（1）计算186×192=______

先计算出186、192与200的差，分别为－14，－8，因此可以写成下列形式：

186/－14

192/－8

交叉相加，186－8或192－14，都等于178。

两个差相乘，（－14）×（－8）=112。

因此可以写成：

186/－14

192/－8

178/112

178×200＋112=35712

所以186×192=35712

（2）计算$193 \times 212=$______

先计算出193、212与200的差，分别为-7，12，因此可以写成下列形式：

193/-7

212/12

交叉相加，$193+12$或$212-7$，都等于205。

两个差相乘，$(-7) \times 12=-84$。

因此可以写成：

193/-7

212/12

205/-84

$205 \times 200-84=40916$

所以$193 \times 212=40916$

（3）计算$203 \times 212=$______

先计算出203、212与200的差，分别为3，12，因此可以写成下列形式：

203/3

212/12

交叉相加，$203+12$或$212+3$，都等于215。

两个差相乘，$3 \times 12=36$。

因此可以写成：

203/3

212/12

215/36

$215 \times 200+36=43036$

所以$203 \times 212=43036$

扩展阅读

类似的，你还可以用这种方法计算接近250、300、350、400、450、500、550等数字的乘法，只需选择相应的基准数即可。

当然，当两个数字都接近某个10的倍数时，你也可以用这种方法，选择这个10的倍数作为基准数，这个方法依然适用。聪明的你自己试试看吧！

练习

（1）计算185 × 211=______

（2）计算203 × 198=______

（3）计算204 × 208=______

（4）计算$211\times198=$______

（5）计算$204\times203=$______

（6）计算$195\times193=$______

27. 将数字分解成容易计算的数字再进行计算

有的时候，我们还可以把被乘数和乘数都进行分解，使它变为容易计算的数字进行计算。这个时候要充分利用5、25、50、100等数字在计算时的简便性。

例子

（1）计算$48\times27=$______

$$
\begin{aligned}
48\times27&=(40+8)\times(25+2)\\
&=40\times25+40\times2+8\times25+8\times2\\
&=1000+80+200+16\\
&=1296
\end{aligned}
$$

所以$48\times27=1296$

（2）计算$62\times51=$______

$$
\begin{aligned}
62\times51&=(60+2)\times(50+1)\\
&=60\times50+60\times1+2\times50+2\times1\\
&=3000+60+100+2\\
&=3162
\end{aligned}
$$

所以$62\times51=3162$

（3）计算$84\times127=$______

$$
\begin{aligned}
84\times127&=(80+4)\times(125+2)\\
&=80\times125+80\times2+4\times125+4\times2\\
&=10000+160+500+8\\
&=10668
\end{aligned}
$$

所以$84\times127=10668$

练习

（1）计算$127 \times 88=$______

（2）计算$27 \times 46=$______

（3）计算$192 \times 55=$______

（4）计算624 × 814=______

（5）计算98 × 52=______

（6）计算131 × 248=______

第四章　印度乘方计算法

1. 尾数为5的两位数的平方

方法

（1）$N^2=N\times N$。

（2）两个乘数的个位上的5相乘得到25。

（3）十位相乘时应按$N\times(N+1)$的方法进行，得到的积直接写在25的前面。

如$a5\times a5$，则先得到25，然后计算$a\times(a+1)$放在25前面即可。

例子

（1）计算35^2=______

$$3\times(3+1)=12$$

所以$35^2=1225$

（2）计算85^2=______

$$8\times(8+1)=72$$

所以$85^2=7225$

（3）计算95^2=______

$$9\times(9+1)=90$$

所以$95^2=9025$

练习

（1）计算15^2=______

（2）计算25^2=______

（3）计算45^2=______

（4）计算55^2=______

（5）计算75^2=______

（6）计算65^2=______

2. 尾数为6的两位数的平方

我们前面学过尾数为5的两个两位数的平方计算方法，现在我们来学习尾数为6的两位数的平方算法。

方法

（1）先算出这个数减1的平方数。
（2）算出这个数与比这个数小1的数的和。
（3）前两步的结果相加，即可。

例子

（1）计算76^2=______

75^2=5625

76 + 75=151

5625 + 151=5776

所以76^2=5776

（2）计算16^2=______

15^2=225

16 + 15=31

225 + 31=256

所以16^2=256

（3）计算96^2=______

95^2=9025

96 + 95=191

9025 + 191=9216

所以96^2=9216

练习

（1）计算26^2=______

（2）计算46^2=______

（3）计算56^2=______

（4）计算66^2=______

（5）计算86^2=______

（6）计算196^2=______

3. 尾数为7的两位数的平方

方法

（1）先算出这个数减2的平方数。

（2）算出这个数与比这个数小2的数的和的2倍。

（3）前两步的结果相加，即可。

例子

（1）计算87^2=______

$85^2=7225$

（87＋85）×2=344

7225＋344=7569

所以$87^2=7569$

（2）计算27^2=______

$25^2=625$

（27＋25）×2=104

625＋104=729

所以$27^2=729$

（3）计算57^2=______

$55^2=3025$

（57＋55）×2=224

3025＋224=3249

所以$57^2=3249$

扩展阅读

相邻两个自然数的平方之差是多少?

学过平方差公式的同学们应该很容易就可以回答出这个问题。

$$b^2-a^2=(b+a)(b-a)$$

所以差为1的两个自然数的平方差为:

$$(a+1)^2-a^2=(a+1)+a$$

差为2的两个自然数的平方差为:

$$(a+2)^2-a^2=[(a+1)+a]\times 2$$

同理差为3的也可以计算出来。

练习

(1)计算17^2=______

(2)计算37^2=______

(3)计算77^2=______

（4）计算97^2=______

（5）计算107^2=______

（6）计算197^2=______

4. 尾数为8的两位数的平方

方法

（1）先凑整算出这个数加2的平方数。

（2）算出这个数与比这个数大2的数的和的2倍。

（3）前两步的结果相减，即可。

例子

（1）计算78^2=______

$80^2=6400$

$(78+80)\times2=316$

$6400-316=6084$

所以$78^2=6084$

（2）计算28^2=______

$30^2=900$

$(28+30)\times2=116$

$900-116=784$

所以$28^2=784$

（3）计算58^2=______

$60^2=3600$

$(58+60)\times2=236$

$3600-236=3364$

所以$58^2=3364$

扩展阅读

尾数为1、2、3、4的两位数的平方数与上面这种方法相似，只需找到相应的尾数为5或者尾数为0的整数即可。

另外不止两位数适用本方法，其他的多位数平方同样适用。

练习

（1）计算108^2=______

（2）计算98^2=______

（3）计算88^2=______

（4）计算68^2=______

（5）计算38^2=______

5. 尾数为9的两位数的平方

方法

（1）先凑整算出这个数加1的平方数。

（2）算出这个数与比这个数大1的数的和。

（3）前两步的结果相减，即可。

例子

（1）计算79^2=______

$80^2=6400$

$79+80=159$

$6400-159=6241$

所以$79^2=6241$

（2）计算19^2=______

$20^2=400$

$19+20=39$

$400-39=361$

所以$19^2=361$

（3）计算59^2=______

$60^2=3600$

$59+60=119$

$3600-119=3481$

所以$59^2=3481$

练习

（1）计算29^2=______

（2）计算39^2=______

（3）计算99^2=______

（4）计算49^2=______

（5）计算69^2=______

（6）计算109^2=______

6. 11～19平方的计算法

方法

（1）以10为基准数，计算出要求的数与基准数的差。

（2）利用公式$a^2=a+a/a^2$求出平方（用a来表示十位为1，个位为a的数字）。

（3）斜线只作区分之用，后面只能有1位数字，超出部分进位到斜线前面。

例子

（1）计算11^2=______

$11^2=11+1/1^2$

$=12\ /1$

$=121$

（2）计算12^2=______

$12^2=12+2/2^2$

$=14\ /4$

$=144$

（3）计算13^2=______

$13^2=13+3/3^2$

$=16\ /9$

$=169$

（4）计算14^2=______

$14^2=14+4/4^2$

$=18\ /16$

$=196$（进位）

练习

（1）计算15^2=______

（2）计算16^2=______

（3）计算17^2=______

（4）计算18^2=______

（5）计算19^2=______

7. 21～29平方的计算法

方法

（1）以20为基准数，计算出要求的数与基准数的差。

（2）利用公式$2a^2=2\times(2a+a)/a^2$求出平方（用2a来表示十位为2，个位为a的数字）。

（3）斜线只作区分之用，后面只能有1位数字，超出部分进位到斜线前面。

例子

（1）计算21^2=______

$$21^2=2\times(21+1)/1^2$$
$$=44/1$$
$$=441$$

（2）计算22^2=______

$$22^2=2\times(22+2)/2^2$$
$$=48/4$$
$$=484$$

（3）计算23^2=______

$$23^2=2\times(23+3)/3^2$$
$$=52/9$$
$$=529$$

（4）计算24^2=______

$$24^2=2\times(24+4)/4^2$$
$$=56/16$$
$$=576\text{（进位）}$$

练习

（1）计算25^2=______

（2）计算26^2=______

（3）计算27^2=______

（4）计算28^2=______

（5）计算29^2=______

8. 31～39平方的计算法

方法

（1）以30为基准数，计算出要求的数与基准数的差。

（2）利用公式$3a^2=3\times(3a+a)/a^2$求出平方（用3a来表示十位为3，个位为a的数字）。

（3）斜线只作区分之用，后面只能有1位数字，超出部分进位到斜线前面。

例子

（1）计算31^2=______

$31^2=3\times(31+1)/1^2$

$=\quad 96\quad /1$

$=961$

（2）计算32^2=______

$32^2=3\times(32+2)/2^2$

$=\quad 102\quad /4$

$=1024$

（3）计算33^2=______

$33^2=3\times(33+3)/3^2$

$=\quad 108\quad /9$

$=1089$

（4）计算34^2=______

$34^2=3\times(34+4)/4^2$

$=\quad 114\quad /16$

$=1156$（进位）

扩展阅读

运用上面的公式，你应该可以很容易地计算出41～99的平方数，它们的方法都是类似的。

公式：

$4a^2=4\times(4a+a)/a^2$

$5a^2=5\times(5a+a)/a^2$

$6a^2=6\times(6a+a)/a^2$

$7a^2=7\times(7a+a)/a^2$

$8a^2=8\times(8a+a)/a^2$

$9a^2=9\times(9a+a)/a^2$

例子

（1）计算64^2=______

$64^2=6\times(64+4)/4^2$

$=408/16$

=4096（进位）

（2）计算83^2=______

$83^2=8\times(83+3)/3^2$

$=688/9$

=6889

（3）计算96^2=______

$96^2=9\times(96+6)/6^2$

$=918/36$

=9216（进位）

练习

（1）计算36^2=______

（2）计算47^2=______

（3）计算58^2=______

（4）计算69^2=______

（5）计算72^2=______

（6）计算99^2=______

9. 任意两位数的平方

方法

（1）用ab来表示要计算平方的两位数，其中a为十位上的数，b为个位上的数。

（2）结果的第一位为a^2，第二位为2ab，第三位为b^2。

（3）斜线只作区分之用，后面只能有1位数字，超出部分进位到斜线前面。

例子

（1）计算13^2=______

$1^2 / 2\times1\times3 / 3^2$

1 /　6　/9

结果为169

所以13^2=169

（2）计算62^2=______

$6^2 / 2\times6\times2 / 2^2$

36 /　24　/4

进位后结果为3844

所以62^2=3844

（3）计算57^2=______

$5^2 / 2\times5\times7 / 7^2$

25 /　70　/49

进位后结果为3249

所以57^2=3249

练习

（1）计算19^2=______

（2）计算27^2=______

（3）计算93^2=______

（4）计算88^2=______

（5）计算54^2=______

（6）计算79^2=______

10. 任意三位数的平方

方法

（1）用abc来表示要计算平方的三位数，其中a为百位上的数，b为十位上的数，c为个位上的数。

（2）结果的第一位为a^2，第二位为2ab，第三位为$2ac+b^2$，第四位为2bc，第五位为c^2。

（3）斜线只作区分之用，后面只能有1位数字，超出部分进位到斜线前面。

例子

（1）计算132^2=______

$1^2/2\times1\times3/2\times1\times2+3^2/2\times3\times2/2^2$

1 / 6 / 13 / 12 /4

进位后结果为17424

所以132^2=17424

（2）计算262^2=______

$2^2/2\times2\times6/2\times2\times2+6^2/2\times6\times2/2^2$

4 / 24 / 44 / 24 /4

进位后结果为68644

所以262^2=68644

（3）计算568^2=______

$5^2/2\times5\times6/2\times5\times8+6^2/2\times6\times8/8^2$

25 / 60 / 116 / 96 /64

进位后结果为322624

所以568^2=322624

练习

（1）计算176^2=______

（2）计算726^2=______

（3）计算597^2=______

（4）计算152^2=______

（5）计算185^2=______

（6）计算836^2=______

11. 用基数法计算三位数的平方

方法

（1）以100的整数倍为基准数，计算出要求的数与基准数的差。并将差的平方的后两位作为结果的后两位，如果超出两位则记下这个进位，如果是一位则在该数前面加个0。

（2）将要求的数与差相加，乘以这个整数倍。如果上一步有进位，则加上进位，与上一步的后两位合在一起作为结果。

（3）斜线只作区分之用，后面只能有1位数字，超出部分进位到斜线前面。

例子

（1）计算213^2=______

基准数为200

213－200=13

13^2=169，记下69进位1

213＋13=226

226×2=452

结果为452/169

进位后得到45369

所以213^2=45369

（2）计算812^2=______

基准数为800

812－800=12

12^2=144

812＋12=824

824×8=6592

结果为6592/144

进位后得到659344

所以812^2=659344

（3）计算489^2=______

基准数为500

$489-500=-11$

$(-11)^2=121$

$489-11=478$

$478\times5=2390$

结果为2390/121

进位后得到239121

所以$489^2=239121$

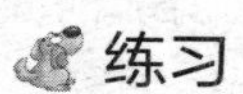

练习

（1）计算115^2=______

（2）计算297^2=______

（3）计算486^2=______

（4）计算509^2=______

（5）计算612^2=______

（6）计算704^2=______

12. 以“10”开头的三、四位数平方的算法

方法

（1）计算出“10”后面数的平方。

（2）将“10”后面的数字乘以2再扩大100倍（三位数）或1000倍（四位数）。

（3）将前两步所得结果相加，再加上10000（三位数）或1000000（四位数）。

例子

（1）计算108^2=______

$8\times8=64$

$8\times2\times100=1600$

$10000+1600+64=11664$

所以$108^2=11664$

（2）计算1015^2=______

$15\times15=225$

$15\times2\times1000=30000$

$1000000+30000+225=1030225$

所以$1015^2=1030225$

（3）计算1024^2=______

$24\times24=576$

$24\times2\times1000=48000$

$1000000+48000+576=1048576$

所以$1024^2=1048576$

练习

（1）计算101^2=______

（2）计算109^2=______

（3）计算1025^2=______

（4）计算1096^2=______

（5）计算1074^2=______

（6）计算1011^2=______

13. 两位数的立方

方法

（1）把要求立方的这个两位数用ab表示。其中a为十位上的数字，b为个位上的数字。

（2）分别计算出a^3，a^2b，ab^2，b^3的值，写在第一排。

（3）将上一排中中间的两个数a^2b，ab^2分别乘以2，写在第二排对应的a^2b，ab^2下面。

（4）将上面两排数字相加，所得即为答案（注意进位）。

例子

（1）计算12^3=______

a=1，b=2

$a^3=1$，$a^2b=2$，$ab^2=4$，$b^3=8$

	1	2	4	8
		4	8	
	1	6	12	8
进　位：	1	7	2	8

所以12^3=1728

（2）计算26^3=______

a=2，b=6

$a^3=8$，$a^2b=24$，$ab^2=72$，$b^3=216$

	8	24	72	216
		48	144	
	8	72	216	216
进　位：	17	5	7	6

所以26^3=17576

（3）计算21^3=______

a=2，b=1

a^3=1，a^2b=2，ab^2=4，b^3=8

	8	4	2	1
		8	4	
	8	12	6	1
进　位：	9	2	6	1

所以21^3=9261

练习

（1）计算31^3=______

（2）计算24^3=______

（3）计算76^3=______

（4）计算97^3=______

（5）计算15^3=______

（6）计算22^3=______

14. 用基准数法算两位数的立方

方法

（1）以10的整数倍为基准数，计算出要求的数与基准数的差。

（2）将要求的数与差的2倍相加。

（3）将第二步的结果乘以基准数的平方。

（4）将第二步的结果减去基准数，乘以差，再乘以基准数。

（5）计算出差的立方。

（6）将3、4、5步的结果相加，即可。

例子

（1）计算$13^3=$______

基准数为10

$13-10=3$

$13+3\times2=19$

$19\times10^2=1900$

$(19-10)\times3\times10=270$

$3^3=27$

结果为$1900+270+27=2197$

所以$13^3=2197$

（2）计算$62^3=$______

基准数为60

$62-60=2$

$62+2\times2=66$

$66\times60^2=237600$

$(66-60)\times2\times60=720$

$2^3=8$

结果为$237600+720+8=238328$

所以$62^3=238328$

（3）计算37^3=______

基准数为40

$37-40=-3$

$37+(-3)\times 2=31$

$31\times 40^2=49600$

$(31-40)\times(-3)\times 40=1080$

$(-3)^3=-27$

结果为$49600+1080-27=50653$

所以$37^3=50653$

练习

（1）计算21^3=______

（2）计算14^3=______

（3）计算56^3=______

（4）计算77^3=______

（5）计算95^3=______

（6）计算33^3=______

第五章　印度除法计算法及其他技巧

1. 一个数除以9的神奇规律

在这里的除法我们不计算成小数的形式，如果除不尽，我们会表示为商是几余几的形式。

★两位数除以9

方法

（1）商是被除数的第一位。

（2）余数是被除数个位和十位上数字的和。

例子

（1）计算24÷9=______

商是2

余数是2+4=6

所以24÷9=2余6

当然这种算法有特殊情况，如下：

（2）计算28÷9=______

商是2

余数是2+8=10

我们发现个位和十位相加大于除数9，这时则需要调整一下进位，变成商是3，余数是1。

所以28÷9=3余1

（3）计算27 ÷ 9=______

商是2

余数是2 + 7=9

个位和十位相加等于除数9，说明可以除尽

所以进位后，商为3

所以27 ÷ 9=3

★三位数除以9

方法

（1）商的十位是被除数的第一位。

（2）商的个位是被除数第一位和第二位的和。

（3）余数是被除数个位、十位和百位上数字的总和。

（4）注意当商中某一位大于等于10或当余数大于等于9的时候进位调整。

例子

（1）计算124 ÷ 9=______

商的十位是1，个位是1 + 2=3

所以商是13

余数是1 + 2 + 4=7

所以124 ÷ 9=13余7

（2）计算284 ÷ 9=______

商的十位是2，个位是2 + 8=10

所以商是30

余数是2 + 8 + 4=14

进位调整商是31，余数是5

所以284 ÷ 9=31余5

（3）计算369 ÷ 9=______

商的十位是3，个位是3 + 6=9

所以商是39

余数是3 + 6 + 9=18

进位调整商是41，余数是0

所以369 ÷ 9=41

★四位数除以9

方法

（1）商的百位是被除数的第一位。

（2）商的十位是被除数第一位和第二位的和。

（3）商的个位是被除数前三位的数字和。

（4）余数是被除数各位上数字的总和。

（5）注意当商中某一位大于等于10或当余数大于等于9的时候进位调整。

例子

（1）计算2114 ÷ 9=______

商的百位是2，十位是2 + 1=3，个位是2 + 1 + 1=4

所以商是234

余数是2 + 1 + 1 + 4=8

所以2114 ÷ 9=234余8

（2）计算2581 ÷ 9=______

商的百位是2，十位是2 + 5=7，个位是2 + 5 + 8=15

所以商是285

余数是2 + 5 + 8 + 1=16

进位调整商是286，余数是7

所以2581 ÷ 9=286余7

（3）计算$3721 \div 9=$______

商的百位是3，十位是$3+7=10$，个位是$3+7+2=12$

所以商是412

余数是$3+7+2+1=13$

进位调整商是413，余数是4

所以$3721 \div 9=413$余4

练习

（1）计算$98 \div 9=$______

（2）计算$52 \div 9=$______

（3）计算$214 \div 9=$______

（4）计算$725 \div 9=$______

（5）计算$2114 \div 9=$______

（6）计算$6513 \div 9=$______

2. 如果除数以5结尾

方法

将被除数和除数同时乘以一个数，使得除数变成容易计算的数字。

例子

（1）计算2436 ÷ 5=______

将被除数和除数同时乘以2

得到4872 ÷ 10

结果是487.2

所以2436 ÷ 5=487.2

（2）计算1324 ÷ 25=______

将被除数和除数同时乘以4

得到5296 ÷ 100

结果是52.96

所以1324 ÷ 25=52.96

（3）计算2445 ÷ 15=______

将被除数和除数同时乘以2

得到4890 ÷ 30

结果是163

所以2445 ÷ 5=163

注意

这种被除数和除数同时乘以一个数后进行简单计算的情况，不再适用于商和余数的形式。

练习

（1）计算$1024 \div 15=$______

（2）计算$8569 \div 25=$______

（3）计算$1111 \div 55=$______

（4）计算$9578 \div 5=$______

（5）计算$644 \div 35=$______

（6）计算$64 \div 5=$______

3. 完全平方数的平方根

所谓完全平方数，就是指这个数是某个整数的平方。也就是说一个数如果是另一个整数的平方，那么我们就称这个数为完全平方数，也叫作平方数。

例如

$1^2=1$	$2^2=4$	$3^2=9$
$4^2=16$	$5^2=25$	$6^2=36$
$7^2=49$	$8^2=64$	$9^2=81$
$10^2=100$	……	

观察这些完全平方数，可以获得对它们的个位数、十位数、数字和等的规律性的认识。下面我们来研究完全平方数的一些常用性质：

性质1：完全平方数的末位数只能是1、4、5、6、9或者00。

换句话说，一个数字如果以2、3、7、8或者单个0结尾，那这个数一定不是完全平方数。

性质2：奇数的平方的个位数字为奇数，偶数的平方的个位数字一定是偶数。

证明：

奇数必为下列五种形式之一：

$10a+1$，$10a+3$，$10a+5$，$10a+7$，$10a+9$。

分别平方后，得：

$(10a+1)^2=100a^2+20a+1=20a(5a+1)+1$

$(10a+3)^2=100a^2+60a+9=20a(5a+3)+9$

$(10a+5)^2=100a^2+100a+25=20(5a+5a+1)+5$

$(10a+7)^2=100a^2+140a+49=20(5a+7a+2)+9$

$(10a+9)^2=100a^2+180a+81=20(5a+9a+4)+1$

综上各种情形可知：奇数的平方，个位数字为奇数1、5、9；十位数字为偶数。

同理可证明偶数的平方的个位数一定是偶数。

性质3：如果完全平方数的十位数字是奇数，则它的个位数字一定是6；反之，如果完全平方数的个位数字是6，则它的十位数字一定是奇数。

推论1：如果一个数的十位数字是奇数，而个位数字不是6，那么这个数一定不是完全平方数。

推论2：如果一个完全平方数的个位数字不是6，则它的十位数字是偶数。

性质4：偶数的平方是4的倍数；奇数的平方是4的倍数加1。

这是因为$(2k+1)^2=4k(k+1)+1$

$(2k)^2=4k^2$

性质5：奇数的平方是8n＋1型；偶数的平方为8n或8n＋4型。

在性质4的证明中，由k（k+1）一定为偶数可得到$(2k+1)^2$是8n+1型的数；由为奇数或偶数可得$(2k)^2$为8n型或8n+4型的数。

性质6：平方数的形式必为下列两种之一：3k、3k＋1。

因为自然数被3除按余数的不同可以分为三类：3m、3m+1、3m+2。平方后，分别得：

$(3m)^2=9m^2=3k$

$(3m+1)^2=9m^2+6m+1=3k+1$

$(3m+2)^2=9m^2+12m+4=3k+1$

性质7：不是5的因数或倍数的数的平方为5k＋/－1型，是5的因数或倍数的数为5k型。

性质8：平方数的形式具有下列形式之一：16m、16m＋1、16m＋4、16m＋9。

记住完全平方数的这些性质有利于我们判断一个数是不是完全平方数。为此，我们要记住以下结论：

（1）个位数是2、3、7、8的整数一定不是完全平方数。

（2）个位数和十位数都是奇数的整数一定不是完全平方数。

（3）个位数是6，十位数是偶数的整数一定不是完全平方数。

（4）形如3n+2型的整数一定不是完全平方数。

（5）形如4n+2和4n+3型的整数一定不是完全平方数。

（6）形如5n±2型的整数一定不是完全平方数。

（7）形如8n+2、8n+3、8n+5、8n+6、8n+7型的整数一定不是完全平方数。

除此之外，要找出一个完全平方数的平方根，还要弄清以下两个问题：

（1）如果一个完全平方数的位数为n，那么，它的平方根的位数为n/2或（n+1）/2。

（2）记住对应数。只有了解这些对应数，才能找到平方根。

数字	对应数
a	a^2
ab	2ab
abc	$2ac + b^2$
abcd	2ad + abc
abcde	$2ae + 2bd + c^2$
abcdef	2af + 2be + 2cd

方法

（1）先根据被开方数的位数计算出结果的位数。

（2）将被开方数的各位数字分成若干组（如果位数为奇数，则每个数字各成一组；如位数为偶数，则前两位为一组，其余数字各成一组）。

（3）看第一组数字最接近哪个数的平方，找出答案的第一位数（答案第一位数的平方一定要不大于第一组数字）。

（4）将第一组数字减去答案第一位数字的平方所得的差，与第二组数字组成的数字作为被除数，答案的第一位数字的2倍作为除数，所得的商为答案的第二位数字，余数则与下一组数字作为下一步计算之用（如果被开方数的位数不超过4位，到这一步即可结束。）。

（5）将上一步所得的数字减去答案第二位数字的对应数（如果结果为负数，则将上一步中得到的商的第二位数字减一重新计算），所得的差作为被除数，依然以答案的第一位数字的2倍作为除数，商即为答案的第三位数字（如果被开方数为5位或6位，则会用到此步，7位以上过于复杂我们暂且忽略。）。

例子

（1）计算2116的平方根。

因为被开方数为4位，根据前面的公式：

平方根的位数应该为$4 \div 2=2$位

因为位数为4，偶数，所以前两位分为一组，其余数字各成一组：

分组得：21　1　6

找出答案的第一位数字：$4^2=16$最接近21，所以答案的第一位数字为4。

将4写在与21对应的下面，$21-4^2=5$，写在21的右下方，与第二组数字1构成被除数51。$4 \times 2=8$为除数写在最左侧。得到下图：

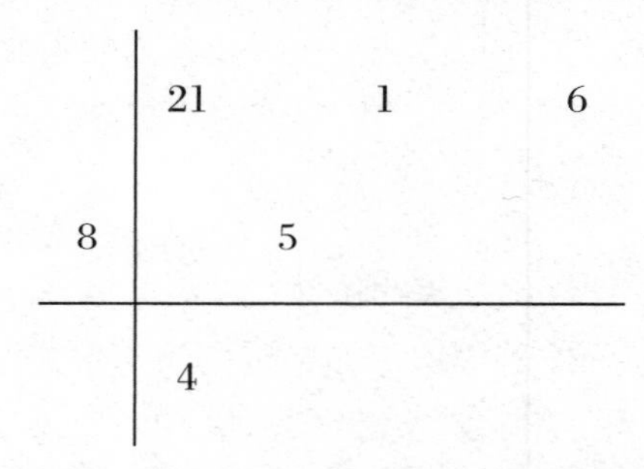

$51 \div 8=6$余3，把6写在第二组数字1下面对应的位置，作为第二位的数字。余数3写在第二组数字1的右下方。而$36-6^2=0$

21　1　6

8　5　3

4　6

这样就得到了答案，即2116的平方根为46。

（2）计算9604的平方根。

因为被开方数为4位，根据前面的公式：

平方根的位数应该为4 ÷ 2=2位

因为位数为4，偶数，所以前两位分为一组，其余数字各成一组：

分组得：96　0　4

找出答案的第一位数字：9^2=81最接近96，所以答案的第一位数字为9。

将9写在与96对应的下面，96 – 9^2=15，写在96的右下方，与第二组数字0构成被除数51。9 × 2=18为除数写在最左侧。得到下图：

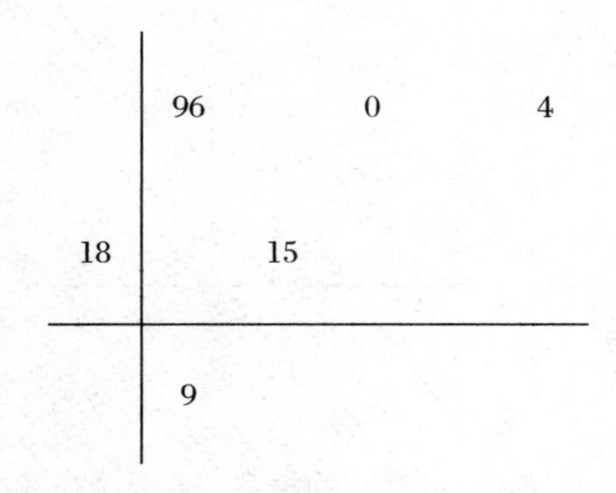

150 ÷ 18=8余6，把8写在第二组数字0下面对应的位置，作为第二位的数字。余数6写在第二组数字0的右下方。而64 – 8^2=0。

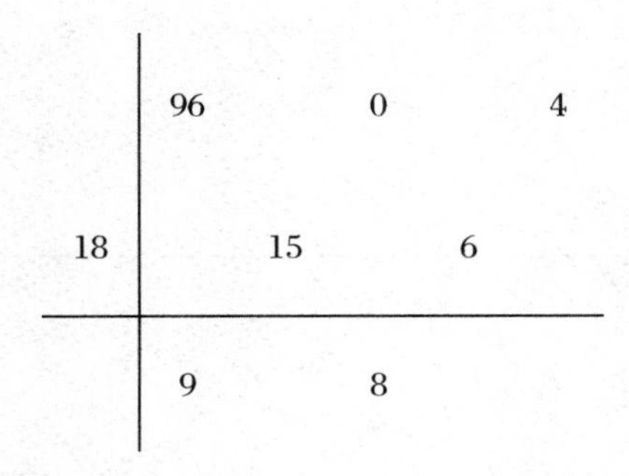

这样就得到了答案，即9604的平方根为98。

（3）计算18496的平方根。

因为被开方数为5位，根据前面的公式：

平方根的位数应该为（5+1）÷2=3位

因为位数为5，奇数，所以每个数字各成一组：

分组得：1　8　4　9　6

找出答案的第一位数字：1^2=1最接近1，所以答案的第一位数字为1。

将1写在与第一组数字1对应的下面，$1-1^2$=0，写在1的右下方，与第二组数字8构成被除数8。1×2=2为除数写在最左侧。得到下图：

	1	8	4	9	6
2	0				
	1				

8÷2=4余0，把4写在第二组数字8下面对应的位置，作为第二位的数字。余数0写在第二组数字8的右下方。

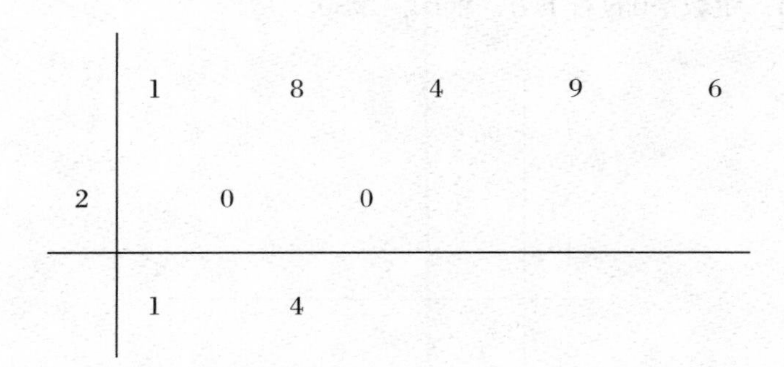

因为答案第二位的对应数为4^2=16，4－16为负数，所以将上一步得到的答案第二位改为3。变为下图：

	1	8	4	9	6
2		0	2		
	1	3			

减去对应数后，$24-3^2=15$，15除以除数2等于7。

	1	8	4	9	6
2		0	2	1	
	1	3	7		

此时发现19减去37的对应数依然是负数，所以将上一位的7改为6。此时减去对应数后才不是负数。

	1	8	4	9	6
2		0	2	3	
	1	3	6		

这样就得到了答案，即18496的平方根为136。

（4）计算729316的平方根。

因为被开方数为6位，根据前面的公式：

平方根的位数应该为$6 \div 2=3$位

因为位数为6，偶数，所以前两位为一组，其余数字各成一组：

分组得：72　9　3　1　6

找出答案的第一位数字：$8^2=64$最接近72，所以答案的第一位数字为8。

将8写在与第一组数字72对应的下面，$72-8^2=8$，写在72的右下方，与第二组数字9构成被除数89。$8\times 2=16$为除数写在最左侧。得到下图：

	72	9	3	1	6
16		8			
	8				

$89\div 16=5$余9，把5写在第二组数字9下面对应的位置，作为第二位的数字。余数9写在第二组数字9的右下方。

	72	9	3	1	6
16		8	9		
	8	5			

减去对应数后，$93-5^2=68$，68除以除数16等于4余4。

	72	9	3	1	6
16	8	9	4		
	8	5	4		

41减去54的对应数为1，为正数，所以就得到了答案，即729316的平方根为854。

练习

（1）计算3025的平方根

（2）计算676的平方根

（3）计算2209的平方根

（4）计算10404的平方根

（5）计算39601的平方根

4. 完全立方数的立方根

相对来说，完全立方数的立方根要比完全平方数的平方根计算起来简单得多。但是，我们首先还是要先了解一下计算立方根的背景资料。

$1^3=1$	$2^3=8$	$3^3=27$
$4^3=64$	$5^3=125$	$6^3=216$
$7^3=343$	$8^3=512$	$9^3=729$
$10^3=1000$	……	

观察这些完全立方数，你会发现一个很有意思的特点：1～9的立方的末位数也分别是1～9，不多也不少。而且2的立方尾数为8，而8的立方尾数为2；3的立方尾数的7，而7的立方尾数为3；1、4、5、6、9的立方的尾数依然是1、4、5、6、9；10的立方尾数有3个0。记住这些规律对我们求解一个完全立方数的立方根是有好处的。

方法

（1）将立方数排列成一横排，从最右边开始，每三位数加一个逗号。这样一个完全立方数就被逗号分成了若干个组。

（2）看最右边一组的尾数是多少，从而确定立方根的最后一位数。

（3）看最左边一组，看它最接近哪个数的立方（这个数的立方不能大于这组数），从而确定立方根的第一位数。

（4）这个方法对于位数不多的求立方根的完全立方数比较适用。

例子

（1）计算9261的立方根

9，261

2　　1

先看后三位数，尾数为1，所以立方根的尾数也为1。

再看逗号前面为9，而$2^3=8$，所以立方根的第一位是2。

所以9161的立方根为21。

（2）计算778688的立方根

778，688

9　　2

先看后三位数，尾数为8，所以立方根的尾数为2。

再看逗号前面为778，而9^3=721，所以立方根的第一位是9。

所以778688的立方根为92。

（3）计算17576的立方根

17，576

2　　6

先看后三位数，尾数为6，所以立方根的尾数为6。

再看逗号前面为17，而2^3=8，3^3=27就大于17了，所以立方根的第一位是2。

所以17576的立方根为26。

练习

（1）计算1331的立方根

（2）计算3375的立方根

（3）计算9261的立方根

（4）计算729的立方根

（5）计算13824的立方根

（6）计算512的立方根

5. 二元一次方程的解法

我们都学习过二元一次方程组，我们一般的解法是消去某个未知数，然后代入求解。例如下面的问题：

$$\begin{cases}2x+y=5\ldots\ldots① \\ x+2y=4\ldots\ldots②\end{cases}$$

我们一般的解法是把①式写成y=5－2x的形式，代入到②式中，消去y，解出x，然后代入解出y。或者将①式等号两边同时乘以2，变成4x＋2y=10，与②式相减，消去y，解出x，然后代入解出y。

这种方法在x、y的系数比较小的时候用起来比较方便，一旦系数变大，计算起来就复杂很多了。下面我们介绍一种更简单的方法。

方法

（1）将方程组写成$\begin{cases}ax+by=c \\ dx+ey=f\end{cases}$的形式。

（2）将两个式子中x、y的系数交叉相乘，并相减，所得的数作为分母。

（3）将两个式子中x的系数常数交叉相乘，并相减，所得的数作为y的分子。

（4）将两个式子中常数和y的系数交叉相乘，并相减，所得的数作为x的分母。

（5）即x=（ae－db）；y=（ae－db）。

例子

（1）解二元一次方程组

$$\begin{cases}3x+y=10 \\ x+2y=10\end{cases}$$

首先计算出x、y的系数交叉相乘的差，即3×2－1×1=5。

再计算出x的系数与常数交叉相乘的差，

即3×10－1×10=20。

最后计算出常数与y的系数交叉相乘的差，

即10×2－10×1=10。

这样x=10÷5=2；y=20÷5=4

所以结果为$\begin{cases}x=2 \\ y=4\end{cases}$

（2）解二元一次方程组

$$\begin{cases}2x+y=8\\3x+2y=13\end{cases}$$

首先计算出x、y的系数交叉相乘的差，即2×2－3×1=1。

再计算出x的系数与常数交叉相乘的差，

即2×13－3×8=2。

最后计算出常数与y的系数交叉相乘的差，

即8×2－13×1=3。

这样x=3÷1=3；y=2÷1=2

所以结果为$\begin{cases}x=3\\y=2\end{cases}$

（3）解二元一次方程组

$$\begin{cases}9x+y=-5\\7x+2y=1\end{cases}$$

首先计算出x、y的系数交叉相乘的差，

即9×2－7×1=11。

再计算出x的系数与常数交叉相乘的差，

即9×1－7×（－5）=44。

最后计算出常数与y的系数交叉相乘的差，

即（－5）×2－1×1=－11。

这样x=－11÷11=－1；y=44÷11=4

所以结果为$\begin{cases}x=-1\\y=4\end{cases}$

练习

（1）解二元一次方程组

$$\begin{cases}3x+y=14\\5x+2y=25\end{cases}$$

（2）解二元一次方程组

$$\begin{cases}4x + y = 11 \\ 3x + 2y = 12\end{cases}$$

（3）解二元一次方程组

$$\begin{cases}2x + 7y = 23 \\ 5x + 3y = 14\end{cases}$$

6. 将循环小数转换成分数

方法

（1）设a等于这个循环小数。

（2）看循环小数是几位循环，如果是多位循环，就乘以相应的整数。即1位循环乘以10，2位循环乘以100，3位循环乘以1000……以此类推。

（3）将上一步所得的结果与第一步的算式相减。

（4）能约分的进行约分。

例子

（1）将循环小数0.555555……转换成分数

设a=0.5555……

两边同时乘以10，得到10a=（5）5555……

10a－a=9a=5

$a=\frac{5}{9}$

所以0.555555……转换成分数为$\frac{5}{9}$。

（2）将循环小数0.272727……转换成分数

设a=0.272727……

两边同时乘以100，得到100a=2（7）272727……

相减得到99a=27

$a=\frac{27}{99}$

$=\frac{3}{11}$

所以0.272727……转换成分数$\frac{3}{11}$。

（3）将循环小数0.080808……转换成分数

设a=0.080808……

两边同时乘以100，得到100a=（8）0808……

相减得到99a=8

$a=\frac{8}{99}$

所以0.080808……转换成分数$\frac{8}{99}$。

练习

（1）将循环小数0.7777……转换成分数

（2）将循环小数0.545454……转换成分数

（3）将循环小数0.818181……转换成分数

7. 印度验算法

我们平时进行验算时，往往是重新计算一遍，看结果是否与上一次的结果相同。这相当于用两倍的时间来计算一个题目。而印度的验算法相当简单，首先我们需要定义一个方法N（a），它的目的是将一个多位数转化为一个个位数。它的运算规则如下：

（1）如果a是多位数，那么N（a）就等于N（这个多位数各位上数字的和）；

（2）如果a是一位数，那么N（a）=a；

（3）如果a是负数，那么N（a）=（a+9）；

（4）N（a）+N（b）=a+b，N（a）−N（b）=a−b，

N（a）×N（a）=a×b。

有了这个定义，我们就能对加减乘法进行验算了（除法不适用）。

例子

（1）验算75+26=101

左边：N（75）+N（26）=N（7+5）+N（2+6）
=N（12）+N（8）
=N（1+2）+N（8）
=N（3）+N（8）
=N（3+8）
=N（11）
=N（2）

右边：N（101）=N（1+0+1）
=N（2）

左边和右边相等，说明计算正确。

（2）验算75－26=49

左边：N（75）－N（26）=N（7+5）－N（2+6）

=N（12）－N（8）（注：这一步可以直接得到4，下面的方法是让大家了解负数的情况如何计算）

=N（1+2）－N（8）

=N（3）－N（8）

=N（3－8）

=N（－5）

=N（－5+9）

=N（4）

右边：N（49）=N（4+9）

=N（13）

=N（1+3）

=N（4）

左边和右边相等，说明计算正确。

（3）验算75×26=1950

左边：N（75）×N（26）=N（7+5）×N（2+6）

=N（12）×N（8）

=N（96）

=N（9+6）

=N（15）

=N（1+5）

=N（6）

右边：N（1950）=N（1+9+5+0）

=N（15）

=N（1+5）

=N（6）

左边和右边相等，说明计算正确。

练习

（1）验算88＋26=114

（2）验算94＋63=157

（3）验算105－26=79

（4）验算6675－526=6149

（5）验算97×16=1552

（6）验算37×77=2849

8. 一位数与9相乘的手算法

方法

（1）伸出双手，并列放置，手心对着自己。

（2）从左到右的10根手指分别编号为1～10。

（3）计算某个数与9的乘积时，只需将编号为这个数的手指弯曲起来，然后数弯曲的手指左边和右边各有几根手指即可。

（4）弯曲手指左边的手指数为结果的十位数字，弯曲手指右边的手指数为结果的个位数字。这样就可以轻松得到结果。

例子

（1）计算2×9=______

伸出10根手指
将左起第二根手指弯曲
数出弯曲手指左边的手指数为1
数出弯曲手指右边的手指数为8
结果即为18

所以2×9=18

（2）计算9×9=______

伸出10根手指
将左起第9根手指弯曲
数出弯曲手指左边的手指数为8
数出弯曲手指右边的手指数为1
结果即为81

所以9×9=81

（3）计算$5\times9=$______

伸出10根手指

将左起第5根手指弯曲

数出弯曲手指左边的手指数为4

数出弯曲手指右边的手指数为5

结果即为45

所以$5\times9=45$

练习

（1）计算$1\times9=$______

（2）计算$4\times9=$______

（3）计算$6\times9=$______

（4）计算$7\times9=$______

（5）计算$8\times9=$______

9. 两位数与9相乘的手算法

方法

（1）伸出双手，并列放置，手心对着自己。

（2）从左到右的10根手指分别编号为1 ~ 10。

（3）计算某个两位数与9的乘积时，两位数的十位数字是几，就加大第几根手指与后面手指的指缝。

（4）两位数的个位数字是几，就把编号为这个数的手指弯曲起来。

（5）指缝前面的伸直的手指数为结果的百位数字，指缝右边开始到弯曲手指之间的手指数为结果的十位数字，弯曲手指右边的手指数为结果的个位数字。这样就可以轻松得到结果。（如果弯曲的手指不在指缝的右边，则从外面计算。）

例子

（1）计算28 × 9=______

伸出10根手指
因为十位数是2，所以把第二根手指与第三根手指间的指缝加大
因为个位数是8，将左起第八根手指弯曲
数出指缝前伸直的手指数为2
数出指缝右边到弯曲手指之间的手指数为5
数出弯曲手指右边的手指数为2
结果即为252

所以28 × 9=252

（2）计算65×9=______

伸出10根手指

因为十位数是6，所以把第六根手指与第七根手指间的指缝加大

因为个位数是5，将左起第五根手指弯曲

数出指缝前伸直的手指数为5

数出指缝右边到弯曲手指之间的手指数，因为弯曲手指在指缝的左边，所以从外面数，即指缝右边有4根手指，最前面到弯曲手指之间有4根手指，加起来为8

数出弯曲手指右边的手指数为5

结果即为585

所以65×9=585

（3）计算77×9=______

伸出10根手指

因为十位数是7，所以把第七根手指与第八根手指间的指缝加大

因为个位数是7，将左起第七根手指弯曲

数出指缝前伸直的手指数为6

数出指缝右边到弯曲手指之间的手指数，因为弯曲手指在指缝的左边，所以从外面数，即指缝右边有3根手指，最前面到弯曲手指之间有6根手指，加起来为9

数出弯曲手指右边的手指数为3

结果即为693

所以77×9=693

练习

（1）计算12×9=______

（2）计算$99\times9=$______

（3）计算$41\times9=$______

（4）计算$89\times9=$______

（5）计算$72 \times 9=$______

（6）计算$57 \times 9=$______

10. 6～10之间乘法的手算法

方法

（1）伸出双手，手心对着自己，指尖相对。

（2）从每只手的小拇指开始到大拇指，分别编号为6～10。

（3）计算两个6～10之间的数相乘时，就将左手中表示被乘数的手指与右手中表示乘数的手指对在一起。

（4）这时，相对的2根手指及下面的手指数之和为结果十位上的数字。

（5）上面手指数的乘积为结果个位上的数字。

例子

（1）计算$8\times9=$______

伸出双手，手心对着自己，指尖相对

因为被乘数是8，乘数是9，所以把左手中代表8的手指（中指）和右手中代表9的手指（食指）对起来

此时，相对的2根手指加上下面的5根手指是7

上面左手有2根手指，右手有1根手指，乘积为2

所以结果为72

所以$8\times9=72$

（2）计算$6\times8=$______

伸出双手，手心对着自己，指尖相对

因为被乘数是6，乘数是8，所以把左手中代表6的手指（小拇指）和右手中代表8的手指（中指）对起来

此时，相对的2根手指加上下面的2根手指是4

上面左手有4根手指，右手有2根手指，乘积为8

所以结果为48

所以$6\times8=48$

（3）计算$6\times6=$______

伸出双手，手心对着自己，指尖相对

因为被乘数是6，乘数是6，所以把左手中代表6的手指（小拇指）和右手中代表6的手指（小拇指）对起来

此时，相对的2根手指加上下面0根手指是2

上面左手有4根手指，右手有4根手指，乘积为16

所以结果为36（注意进位）

所以$6\times6=36$

（4）计算$9\times10=$______

伸出双手，手心对着自己，指尖相对

因为被乘数是9，乘数是10，所以把左手中代表9的手指（食指）和右手中代表10的手指（大拇指）对起来

此时，相对的2根手指加上下面7根手指是9

上面左手有1根手指，右手有0根手指，乘积为0

所以结果为90

所以$9\times10=90$

练习

（1）计算$9\times9=$______

（2）计算$6\times10=$______

（3）计算$7\times6=$______

11. 11～15之间乘法的手算法

方法

（1）伸出双手，手心对着自己，指尖相对。

（2）从每只手的小拇指开始到大拇指，分别编号为11～15。

（3）计算两个11～15之间的数相乘时，就将左手中表示被乘数的手指与右手中表示乘数的手指对在一起。

（4）这时，相对的两个手指及下面的手指数之和为结果十位上的数字。

（5）相对手指的下面左手手指数（包括相对的手指）和右手手指数的乘积为结果个位上的数字。

（6）在上面结果的百位上加上1即可。

例子

（1）计算12×14=______

伸出双手，手心对着自己，指尖相对

因为被乘数是12，乘数是14，所以把左手中代表12的手指（无名指）和右手中代表14的手指（食指）对起来

此时，相对的2根手指加上下面的4根手指是6

下面左手有2根手指，右手有4根手指，乘积为8

百位上加上1，结果为168

所以12×14=168

（2）计算15×13=______

伸出双手，手心对着自己，指尖相对

因为被乘数是15，乘数是13，所以把左手中代表15的手指（大拇指）和右手中代表13的手指（中指）对起来

此时，相对的2根手指加上下面的6根手指是8

下面左手有5根手指，右手有3根手指，乘积为15

百位上加上1，结果为195（注意进位）

所以15×13=195

（3）计算$11 \times 11=$______

伸出双手，手心对着自己，指尖相对

因为被乘数是11，乘数是11，所以把左手中代表11的手指（小拇指）和右手中代表11的手指（小拇指）对起来

此时，相对的2根手指加上下面的0根手指是2

下面左手有1根手指，右手有1根手指，乘积为1

百位上加上1，结果为121

所以$11 \times 11=121$

练习

（1）计算$15 \times 15=$______

（2）计算$11 \times 14=$______

（3）计算$12 \times 13=$______

12. 16～20之间乘法的手算法

方法

（1）伸出双手，手心对着自己，指尖相对。

（2）从每只手的小拇指开始到大拇指，分别编号为16～20。

（3）计算两个16～20之间的数相乘时，就将左手中表示被乘数的手指与右手中表示乘数的手指对在一起。

（4）这时，包括相对的手指在内，把下方的左手手指数量和右手手指数量相加，再乘以2，为结果十位上的数字。

（5）上方剩余的左手手指数和右手手指数的乘积为结果个位上的数字。

（6）在上面结果的百位上加上2即可。

例子

（1）计算18×19=______

伸出双手，手心对着自己，指尖相对

因为被乘数是18，乘数是19，所以把左手中代表18的手指（中指）和右手中代表19的手指（食指）对起来

此时，相对的两个手指加上下面，左手有3根手指，右手有4根手指，和为7，所以十位的数字为14

上面左手有2根手指，右手有1根手指，乘积为2

百位上加上2，结果为342（注意进位）

所以18×19=342

（2）计算16×20=______

伸出双手，手心对着自己，指尖相对

因为被乘数是16，乘数是20，所以把左手中代表16的手指（小拇指）和右手中代表20的手指（大拇指）对起来

此时，相对的两个手指加上下面，左手有1根手指，右手有5根手指，和为6，所以十位的数字为12

上面左手有4根手指，右手有0根手指，乘积为0

百位上加上2，结果为320（注意进位）

所以16×20=320

（3）计算$19\times19=$______

伸出双手，手心对着自己，指尖相对

因为被乘数是19，乘数是19，所以把左手中代表19的手指（食指）和右手中代表19的手指（食指）对起来

此时，相对的两个手指加上下面，左手有4根手指，右手有4根手指，和为8，所以十位的数字为16

上面左手有1根手指，右手有1根手指，乘积为1

百位上加上2，结果为361（注意进位）

所以$19\times19=361$

练习

（1）计算$16\times16=$______

（2）计算$16\times19=$______

（3）计算$18\times17=$______

13. 神奇的数字规律

★神奇的3

3×3=9

33×33=1089

333×333=110889

3333×3333=11108889

33333×33333=1111088889

333333×333333=111110888889

3333333×3333333=11111108888889

33333333×33333333=1111111088888889

★神奇的9

9×1=09

9×2=18

9×3=27

9×4=36

9×5=45

9×6=54

9×7=63

9×8=72

9×9=81

99×1=099

99×2=198

99×3=297

99×4=396

99×5=495

99×6=594

99×7=693

99×8=792

99×9=891

99×11=1089

99×12=1188

99×13=1287

99×14=1386

99×15=1485

99×16=1584

99×17=1683

99×18=1782

99×19=1881

根据这个结果，我们可以找出一个任意的两位数乘以99所得结果的规律。

方法

（1）将乘数减掉1。

（2）计算出乘数相对于100的补数。

（3）将上两步得到的结果合在一起，即可。

例子

（1）计算$99\times85=$______

85－1=84

85相对于100的补数为15

所以结果为8415

所以$99\times85=8415$

（2）计算$99\times88=$______

88－1=87

88相对于100的补数为12

所以结果为8712

所以$99\times88=8712$

（3）计算99×25=______

25－1=24

25相对于100的补数为75

所以结果为2475

所以99×25=2475

这个方法对多位数乘法也同样适用，只是求补数的时候要相应的做些变化。而且记住一定要满足以下两个条件。

（1）相乘的两个数中一个数必须都是9。

（2）两个数的数位必须相同。

例子

（1）计算9999×7685=______

7685－1=7684

7685相对于10000的补数为2315

所以结果为76842315

所以9999×7685=76842315

（2）计算9999999×9876543=______

9876543－1=9876542

9876543相对于10000000的补数为0123457

所以结果为98765420123457

所以9999999×9876543=98765420123457

（3）计算99999×55555=______

55555－1=55554

55555相对于100000的补数为44445

所以结果为5555444445

所以99999×55555=5555444445

★数字金字塔

$3\times9+6=33$

$33\times99+66=3333$

$333\times999+666=333333$

$3333\times9999+6666=33333333$

$33333\times99999+66666=3333333333$

$123456789\times9+10=1111111111$

$12345678\times9+9=111111111$

$1234567\times9+8=11111111$

$123456\times9+7=1111111$

$12345\times9+6=111111$

$1234\times9+5=11111$

$123\times9+4=1111$

$12\times9+3=111$

$1\times9+2=11$

$123456789\times81+9\times10=9999999999$

$12345678\times72+8\times9=888888888$

$1234567\times63+7\times8=77777777$

$123456\times54+6\times7=6666666$

$12345\times45+5\times6=555555$

$1234\times36+4\times5=44444$

$123\times27+3\times4=3333$

$12\times18+2\times3=222$

$1\times9+1\times2=11$

答　案

第一章　印度加法计算法

1. 从左往右计算加法

练习

（1）计算24 + 61=______

24 + 60=84

84 + 1=85

所以24 + 61=85

（2）计算47 + 36=______

47 + 30=77

77 + 6=83

所以47 + 36=83

（3）计算128 + 291=______

128 + 200=328

328 + 90=418

418 + 1=419

所以128 + 291=419

（4）计算489 + 223=______

489 + 200=689

689 + 20=709

709 + 3=712

所以489 + 223=712

（5）计算1482 + 2211=______

1482 + 2000=3482

3482 + 200=3682

3682 + 10=3692

3692 + 1=3693

所以1482 + 2211=3693

（6）计算1248 + 3221=______

1248 + 3000=4248

4248 + 200=4448

4448 + 20=4468

4468 + 1=4469

所以1248 + 3221=4469

2. 两位数的加法运算

练习

（1）计算32＋36=______

30＋30=60

2＋6=8

60＋8=68

所以32＋36=68

（2）计算43＋23=______

40＋20=60

3＋3=6

60＋6=66

所以43＋23=66

（3）计算89＋12=______

80＋10=90

9＋2=11

90＋11=101

所以89＋12=101

（4）计算49＋23=______

40＋20=60

9＋3=12

60＋12=72

所以49＋23=72

（5）计算14＋82=______

10＋80=90

4＋2=6

90＋6=96

所以14＋82=96

（6）计算48＋32=______

40＋30=70

8＋2=10

70＋10=80

所以48＋32=80

3. 三位数的加法运算

练习

（1）计算132＋926=______

100＋900=1000

30＋20=50

2＋6=8

1000＋50＋8=1058

所以132＋926=1058

（2）计算427＋363=______

400＋300=700

20＋60=80

7＋3=10

700＋80＋10=790

所以427＋363=790

（3）计算212＋229=______

200＋200=400

10＋20=30

2＋9=11

400＋30＋11=441

所以212＋229=441

（4）计算148＋423=______

100＋400=500

40＋20=60

8＋3=11

500＋60＋11=571

所以148＋423=571

（5）计算182＋211=______

100＋200=300

80＋10=90

2＋1=3

300＋90＋3=393

所以182＋211=393

（6）计算232＋412=______

200＋400=600

30＋10=40

2＋2=4

600＋40＋4=644

所以232＋412=644

4. 巧用补数算加法

练习

（1）计算224＋601=______

601的补数为－1

224＋601=224＋（600＋1）

=824＋1

=825

所以224＋601=825

（2）计算497＋136=______

497的补数为3

497＋136=（500－3）＋136

=500＋136－3

=636－3

=633

所以497＋136=633

（3）计算1298＋291=______

1298的补数为2

1298＋291=（1300－2）＋291

=1300＋291－2

=1591－2

=1589

所以1298＋291=1589

（4）计算489＋2223=______

489的补数为11

489＋2223=（500－11）＋2223

=500＋2223－11

=2723－11

=2712

所以489＋2223=2712

（5）计算1402＋2221=______

1402的补数为－2

1402＋2221=（1400＋2）＋2221

=1400＋2221＋2

=3621＋2

=3623

所以1402＋2221=3623

（6）计算1298＋3272=______

1298的补数为2

1298＋3272=（1300－2）＋3272

=1300＋3272－2

=4572－2

=4570

所以1298＋3272=4570

5. 用凑整法算加法

练习

（1）计算902＋681=______

902的补数为－2

902＋681=（902－2）＋（681＋2）

=900＋683

=1583

所以902＋681=1583

（2）计算497＋362=______

497的补数为3

497＋362=（497＋3）＋（362－3）

=500＋359

=859

所以497＋362=859

（3）计算4198＋2629=______

4198的补数为2

4198＋2629=（4198＋2）＋（2629－2）

=4200＋2627

=6827

所以4198＋2629=6827

（4）计算2489＋3256=______

2489的补数为11

2489＋3256=（2489＋11）＋（3256－11）

=2500＋3245

=5745

所以2489＋3256=5745

（5）计算7202＋1980=______

7202的补数为－2

7202＋1980=（7202－2）＋（1980＋2）

=7200＋1982

=9182

所以7202＋1980=9182

（6）计算9298＋7221=______

9298的补数为2

9298＋7221=（9298＋2）＋（7221－2）

=9300＋7219

=16519

所以9298＋7221=16519

6. 四位数的加法运算

练习

（1）计算1224＋6201=______

把1224分解为12和24

把6201分解为62和1

然后12＋62=74

24＋1=25

所以结果即为7425

所以1224＋6201=7425

（2）计算4297＋1336=______

把4297分解为42和97

把1336分解为13和36

然后42＋13=55

97＋36=133

所以结果即为5633

所以4297＋1336=5633

（3）计算1298＋2921=______

把1298分解为12和98

把2921分解为29和21

然后12＋29=41

98＋21=119

所以结果即为4219

所以1298＋2921=4219

（4）计算1489＋2245=______

把1489分解为14和89

把2245分解为22和45

然后14＋22=36

89＋45=134

所以结果即为3734

所以1489＋2245=3734

（5）计算4502＋2361=______

把4502分解为45和2

把2361分解为23和61

然后45＋23=68

2＋61=63

所以结果即为6863

所以4502＋2361=6863

（6）计算1528＋2672=______

把1528分解为15和28

把2672分解为26和72

然后15＋26=41

28＋72=100

所以结果即为4200

所以1528＋2672=4200

7. 在格子里算加法

练习

（1）计算126＋671=______

+		1	2	6
6	→	↓ 7	↓	↓
7	→	→	9	↓
1	→	→	→	7
答		7	9	7

所以126＋671=797

（2）计算987＋126=______

+		9	8	7
1	→1	↓0	↓	↓
2	→	1	0	
6	→		1	3
答	1	1	1	3

所以987＋126=1113

（3）计算1265＋529=______

+	1	2	6	5
0	→↓1	↓	↓	↓
5	→	7		
2	→		8	
9	→		1	4
答	1	7	9	4

所以1265＋529=1794

（4）计算465＋2365=______

+	0	4	6	5
2	→↓2	↓	↓	↓
3	→	7		
6	→	1	2	
5	→		1	0
答	2	8	3	0

所以465＋2365=2830

（5）计算3502＋6545=______

+		3	5	0	2
6	→	↓9	↓	↓	↓
5	→	1	0		
4	→			4	
5	→				7
答	1	0	0	4	7

所以3502＋6545=10047

（6）计算1328＋7262=______

+	1	3	2	8
7	→8	↓	↓	↓
2	→	5	↓	↓
6	→	→	8	↓
2	→	→	1	0
答	8	5	9	0

所以1328＋7262=8590

8. 计算连续自然数的和

练习

（1）计算1＋2＋3＋……＋199＋200=______

200×（200＋1）÷2=20100

所以1＋2＋3＋……＋199＋200=20100

（2）计算18＋19＋20＋21＋22=______

22×（22＋1）÷2=253

17×（17＋1）÷2=153

253－153=100

所以18＋19＋20＋21＋22=100

（3）计算9＋10＋11＋12＋13＋14＋15=______

15×（15＋1）÷2=120

8×（8＋1）÷2=36

120－36=84

所以9＋10＋11＋12＋13＋14＋15=84

（4）计算50＋51＋……＋64＋65=______

65×（65＋1）÷2=2145

49×（49＋1）÷2=1225

2145－1225=920

所以50＋51＋……＋64＋65=920

（5）计算10＋11＋……＋31＋32=______

32×（32＋1）÷2=528

9×（9＋1）÷2=45

528－45=483

所以10＋11＋……＋31＋32=483

（6）计算1＋2＋……＋999＋1000=______

1000×（1000＋1）÷2=500500

所以1＋2＋……＋999＋1000=500500

第二章　印度减法计算法

1. 从左往右计算减法

练习

（1）计算58－21=______

58－20=38

38－1=37

所以58－21=37

（2）计算848－164=______

848－100=748

748－60=688

688－4=684

所以848－164=684

（3）计算856－245=______

856－200=656

656－40=616

616－5=611

所以856－245=611

（4）计算2648－214=______

2648－200=2448

2448－10=2438

2438－4=2434

所以2648－214=2434

（5）计算5128－1154=______

5128－1000=4128

4128－100=4028

4028－50=3978

3978－4=3974

所以5128－1154=3974

（6）计算43958－12614=______

43958－10000=33958

33958－2000=31958

31958－600=31358

31358－10=31348

31348－4=31344

所以43958－12614=31344

2. 两位数的减法运算

练习

（1）计算58－14=______

58=50＋8，14=20－6

50－20=30

8－（－6）=14

30＋14=44

所以58－14=44

（2）计算45－21=______

45=40＋5，21=30－9

40－30=10

5－（－9）=14

10＋14=24

所以45－21=24

（3）计算94－56=______

94=90＋4，56=60－4

90－60=30

4－（－4）=8

30＋8=38

所以94－56=38

（4）计算85－46=______

85=80＋5，46=50－4

80－50=30

5－（－4）=9

30＋9=39

所以85－46=39

（5）计算58－43=______

58=50＋8，43=50－7

50－50=0

8－（－7）=15

0＋15=15

所以58－43=15

（6）计算87－39=______

87=80＋7，39=40－1

80－40=40

7－（－1）=8

40＋8=48

所以87－39=48

3. 两位数减一位数的运算

练习

（1）计算52－4=______

52=50＋2，4=10－6

50－10=40

2－（－6）=8

40＋8=48

所以52－4=48

（2）计算87－9=______

87=80＋7，9=10－1

80－10=70

7－（－1）=8

70＋8=78

所以87－9=78

（3）计算75－7=______

75=70＋5，7=10－3

70－10=60

5－（－3）=8

60＋8=68

所以75－7=68

（4）计算42－8=______

42=40＋2，8=10－2

40－10=30

2－（－2）=4

30＋4=34

所以42－8=34

（5）计算63－8=______

63=60＋3，8=10－2

60－10=50

3－（－2）=5

50＋5=55

所以63－8=55

（6）计算32－9=______

32=30＋2，9=10－1

30－10=20

2－（－1）=3

20＋3=23

所以32－9=23

4. 三位数减两位数的运算

练习

（1）计算458－14=______

458=400＋58，14=20－16

400－20=380

58＋6=64

380＋64=444

所以458－14=444

（2）计算124－47=______

124=100＋24，47=50－3

100－50=50

24＋3=27

50＋27=77

所以124－47=77

（3）计算528－89=______

528=500＋28，89=100－11

500－100=400

28＋11=39

400＋39=439

所以528－89=439

（4）计算154－64=______

154=100＋54，64=70－6

100－70=30

54＋6=60

30＋60=90

所以154－64=90

（5）计算994－89=______

994=1000－6，89=100－11

1000－100=900

－6＋11=5

900＋5=905

所以994－89=905

（6）计算$587-76=$______

$587=600-13$，$76=80-4$

$600-80=520$

$-13+4=-9$

$520-9=511$

所以$587-76=511$

5. 三位数的减法运算

练习

（1）计算$528-157=$______

$528=500+28$，$157=100+60-3$

$500-100-60=340$

$28+3=31$

$340+31=371$

所以$528-157=371$

（2）计算$469-418=$______

$469=400+69$，$418=400+20-2$

$400-400-20=-20$

$69+2=71$

$-20+71=51$

所以$469-418=51$

（3）计算$694-491=$______

$694=600+94$，$491=500-9$

$600-500=100$

$94+9=103$

$100+103=203$

所以$694-491=203$

（4）计算$382-164=$______

$382=300+82$，$164=100+70-6$

$300-100-70=130$

$82+6=88$

$130+88=218$

所以$382-164=218$

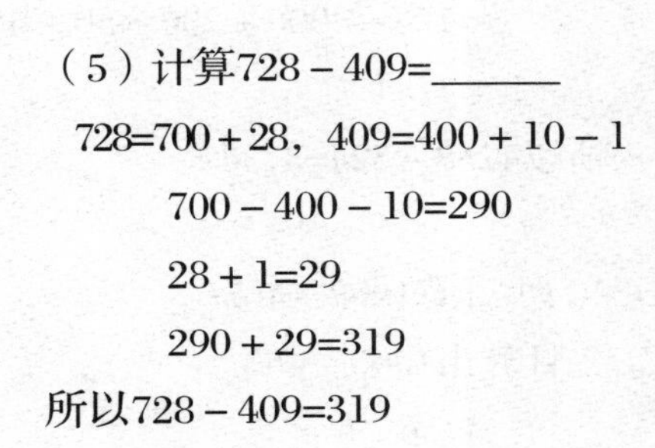

（5）计算$728-409=$______

$728=700+28$，$409=400+10-1$

$700-400-10=290$

$28+1=29$

$290+29=319$

所以$728-409=319$

（6）计算$485-168=$______

$485=400+85$，$168=100+70-2$

$400-100-70=230$

$85+2=87$

$230+87=317$

所以$485-168=317$

6. 巧用补数算减法

练习

（1）计算$1000-518=$______

5 1 8

4 8 2

所以$1000-518=482$

（2）计算$10000-4894=$______

4 8 9 4

5 1 0 6

所以$10000-4894=5106$

（3）计算4258－524=______

先计算出1000－524

5　2　4

4　7　6

所以1000－524=476

4258－524=476＋3258

=476＋3000＋200＋50＋8

=3734

所以4258－524=3734

（4）计算1098－465=______

先计算出1000－465

4　6　5

5　3　5

所以1000－465=535

1098－465=535＋90＋8

=633

所以1098－465=633

（5）计算9458－684=______

先计算出1000－684

6　8　4

3　1　6

所以1000－684=316

9458－684

=316＋8000＋400＋50＋8

=8774

所以9458－684=8774

（6）计算1855－794=______

先计算出1000－794

7　9　4

2　0　6

所以1000－794=206

1855－794

=206＋800＋50＋5

=1061

所以1855－794=1061

7. 用凑整法算减法

练习

（1）计算9458－2104=______

首先将被减数和减数同时减去4

即变为（9458－4）－（2104－4）

=9454－2100

=7354

所以9458－2104=7354

（2）计算4582－495=______

首先将被减数和减数同时加上5

即变为（4582＋5）－（495＋5）

=4587－500

=4087

所以4582－495=4087

（3）计算428－189=______

首先将被减数和减数同时加上11

即变为（428＋11）－（189＋11）

=439－200

=239

所以428－189=239

（4）计算8458－2014=______

首先将被减数和减数同时减去14

即变为（8458－14）－（2014－14）

=8444－2000

=6444

所以8458－2014=6444

（5）计算654－411=______

首先将被减数和减数同时减去11

即变为（654－11）－（411－11）

=643－400

=243

所以654－411=243

（6）计算9548－4608=______

首先将被减数和减数同时减去8

即变为（9548－8）－（4608－8）

=9540－4600

=4940

所以9548－4608=4940

第三章　印度乘法计算法

1. 十位数相同、个位相加为10的两位数相乘

练习

（1）计算91×99=______

1×9=9

9×（9+1）=90

所以91×99=9009

（2）计算38×32=______

8×2=16

3×（3+1）=12

所以38×32=1216

（3）计算43×47=______

3×7=21

4×（4+1）=20

所以43×47=2021

（4）计算85×85=______

5×5=25

8×（8+1）=72

所以85×85=7225

（5）计算62×68=______

2×8=16

6×（6+1）=42

所以62×68=4216

（6）计算96×94=______

6×4=24

9×（9+1）=90

所以96×94=9024

2. 个位数相同、十位相加为10的两位数相乘

练习

（1）计算95×15=______

5×5=25

9×1+5=14

所以95×15=1425

（2）计算37×77=______

7×7=49

3×7+7=28

所以37×77=2849

（3）计算$21\times81=$______

$1\times1=1$

$2\times8+1=17$

所以$21\times81=1701$

（4）计算$63\times43=$______

$3\times3=9$

$6\times4+3=27$

所以$63\times43=2709$

（5）计算$28\times88=$______

$8\times8=64$

$2\times8+8=24$

所以$28\times88=2464$

（6）计算$47\times67=$______

$7\times7=49$

$4\times6+7=31$

所以$47\times67=3149$

3. 十位数相同的两位数相乘

练习

（1）计算$31\times34=$______

$30\times30=900$

$(1+4)\times30=150$

$1\times4=4$

$900+150+4=1054$

所以$31\times34=1054$

（2）计算$42\times45=$______

$40\times40=1600$

$(2+5)\times40=280$

$2\times5=10$

所以$42\times45=1600+280+10=1890$

（3）计算$62\times67=$______

$60\times60=3600$

$(2+7)\times60=540$

$2\times7=14$

所以$63\times67=3600+540+14=4154$

（4）计算$93\times95=$______

$90\times90=8100$

$(3+5)\times90=720$

$3\times5=15$

所以$93\times95=8100+720+15=8835$

（5）计算$78\times79=$______

$70\times70=4900$

$(8+9)\times70=1190$

$8\times9=72$

所以$78\times79=4900+1190+72=6162$

（6）计算$52\times59=$______

$50\times50=2500$

$(2+9)\times50=550$

$2\times9=18$

所以$52\times59=2500+550+18=3068$

4. 三位以上的数字与11相乘

练习

（1）计算2445235×11=______

2 4 4 5 2 3 5

2 2+4 4+4 4+5 5+2 2+3 3+5 5

2 6 8 9 7 5 8 5

所以2445235×11=26897585

（2）计算376385×11=______

3 7 6 3 8 5

3 3+7 7+6 6+3 3+8 8+5 5

3 10 13 9 11 13 5

进位：4 1 4 0 2 3 5

所以376385×11=4140235

（3）计算635×11=______

6 3 5

6 6+3 3+5 5

6 9 8 5

所以635×11=6985

（4）计算38950×11=______

3 8 9 5 0

3 3+8 8+9 9+5 5+0 0

3 11 17 14 5 0

进位：4 2 8 4 5 0

所以38950×11=428450

（5）计算7385×11=______

7 3 8 5

7 7+3 3+8 8+5 5

7 10 11 13 5

进位：8 1 2 3 5

所以7385×11=81235

（6）计算35906×11=______

3 5 9 0 6

3 3+5 5+9 9+0 0+6 6

3 8 14 9 6 6

进位：3 9 4 9 6 6

所以35906×11=394966

5. 三位以上的数字与111相乘

练习

（1）计算235×111=______

积第一位为2，

第二位为2+3=5，

第三位为2+3+5=10，

第四位为3+5=8，

第五位为5。

即结果为2 5 10 8 5

进位后为2 6 0 8 5

所以235×11=26085

（2）计算315×111=______

积第一位为3，

第二位为3＋1=4，

第三位为3＋1＋5=9，

第四位为1＋5=6，

第五位为5。

即结果为3　4　9　6　5

所以315×111=34965

（3）计算12567×111=______

积第一位为1，

第二位为1＋2=3，

第三位为1＋2＋5=8，

第四位为2＋5＋6=13，

第五位为5＋6＋7=18，

第六位为6＋7=13，

第七位是7。

即结果为1　3　8　13　18　13　7

进位后为1　3　9　4　9　3　7

所以12567×111=1394937

（4）计算111111×111=______

积第一位为1，

第二位为1＋1=2，

第三位为1＋1＋1=3，

第四位为1＋1＋1=3，

第五位为1＋1＋1=3，

第六位为1＋1＋1=3，

第七位是1＋1=2，

第八位是1。

即结果为1　2　3　3　3　3　2　1

所以111111×111=12333321

（5）计算78653×111=______

积第一位为7，

第二位为7＋8=15，

第三位为7＋8＋6=21，

第四位为8＋6＋5=19，

第五位为6＋5＋3=14，

第六位为5＋3=8，

第七位是3。

即结果为7　15　21　19　14　8　3

进位后为8　7　3　0　4　8　3

所以78653×111=8730483

（6）计算987654321×111=______

积第一位为9，

第二位为9＋8=17，

第三位为9＋8＋7=24，

第四位为8＋7＋6=21，

第五位为7＋6＋5=18，

第六位为6＋5＋4=15，

第七位是5＋4＋3=12，

第八位是4＋3＋2=9，

第九位是3＋2＋1=6，

第十位是2＋1=3，

第十一位是1。

即结果为9　17　24　21　18　15　12　9　6　3　1

进位后为10　9　6　2　9　6　2　9　6　3　1

所以987654321×111=109629629631

6. 任意数与9相乘

练习

（1）计算9×9=______

9后面加个0变为90

减去9，即90－9=81。

所以9×9=81

（2）计算45×9=______

45后面加个0变为450

减去45，即450－45=405。

所以45×9=405

（3）计算135×9=______

135后面加个0变为1350

减去135，

即1350－135=1215。

所以135×9=1215

（4）计算3821×9=______

3821后面加个0变为38210

减去3821，

即38210－3821=34389。

所以3821×9=34389

（5）计算85351×9=______

85351后面加个0变为853510

减去85351，

即853510－85351=768159。

所以85351×9=768159

（6）计算315654×9=______

315654后面加个0变为3156540

减去315654，

即3156540－315654=2840886。

所以315654×9=2840886

7. 任意数与99相乘

练习

（1）计算5×99=______

5后面加个00变为500

减去5，即500－5=495。

所以5×99=495

（2）计算16×99=______

16后面加个00变为1600

减去16，即1600－16=1584。

所以16×99=1584

（3）计算315×99=______

315后面加个00变为31500

减去315，

即31500－315=31185。

所以315×99=31185

（4）计算2355×99=______

2355后面加个00变为235500

减去2355，

即235500－2355=233145。

所以2355×99=233145

（5）计算11111×99=______

11111后面加个00变为1111100

减去11111，

即1111100－11111=1099989。

所以11111×99=1099989

（6）计算2596453×99=______

2596453后面加个00变为259645300

减去2596453，

即259645300－2596453=257048847。

所以2596453×99=257048847

8. 任意数与999相乘

练习

（1）计算12×999=______

12后面加个000变为12000

减去12，即12000－12=11988。

所以12×999=11988

（2）计算9×999=______

9后面加个000变为9000

减去9，即9000－9=8991。

所以9×999=8991

（3）计算870×999=______

870后面加个000变为87000

减去870，即87000－870=869130。

所以870×999=869130

（4）计算7635×999=______

7635后面加个000变为7635000

减去7635，

即7635000－7635=7627365。

所以7635×999=7627365

（5）计算3985×999=______

3985后面加个000变为3985000

减去3985，

即3985000－3985=3981015。

所以3985×999=3981015

（6）计算31235×999=______

31235后面加个000变为31235000

减去31235，

即31235000－31235=31203765。

所以31235×999=31203765

9. 11～19之间的整数相乘

练习

（1）计算12×17=______

12＋7=19

2×7=14

19×10＋14=204

所以12×17=204

（2）计算14×18=______

14＋8=22

4×8=32

22×10＋32=252

所以14×18=252

（3）计算$11\times16=$______

$11+6=17$

$1\times6=6$

$17\times10+6=176$

所以$11\times16=176$

（4）计算$18\times14=$______

$18+4=22$

$8\times4=32$

$22\times10+32=252$

所以$18\times14=252$

（5）计算$15\times19=$______

$15+9=24$

$5\times9=45$

$24\times10+45=285$

所以$15\times19=285$

10. 100～110之间的整数相乘

练习

（1）计算$102\times110=$______

$102+10=112$

$2\times10=20$

$112\times100+200=11220$

所以$102\times110=11220$

（2）计算$101\times109=$______

$101+9=110$

$1\times9=9$

$110\times100+9=11009$

所以$101\times109=11009$

（3）计算$105\times104=$______

$105+4=109$

$5\times4=20$

$109\times100+20=10920$

所以$105\times104=10920$

（4）计算$102\times108=$______

$102+8=110$

$2\times8=16$

$110\times100+16=11016$

所以$102\times108=11016$

（5）计算$107\times104=$______

$107+4=111$

$7\times4=28$

$111\times100+28=11128$

所以$107\times104=11128$

（6）计算$103\times102=$______

$103+2=105$

$3\times2=6$

$105\times100+6=10506$

所以$103\times102=10506$

11. 在三角格子里算乘法

练习

（1）计算17×28=______

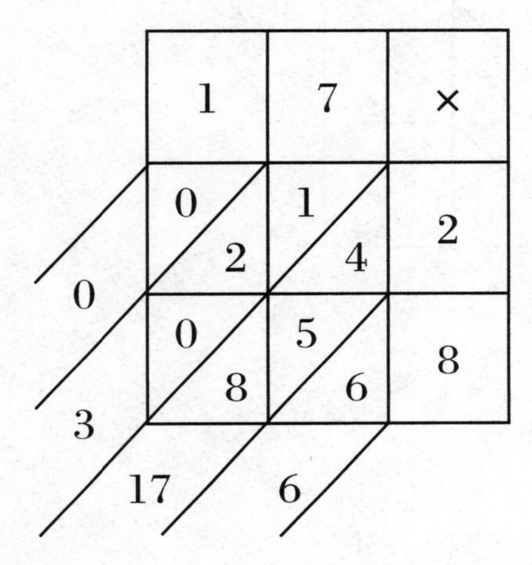

结果为：3 17 6

进 位：4 7 6

所以17×28=476

（2）计算35×147=______

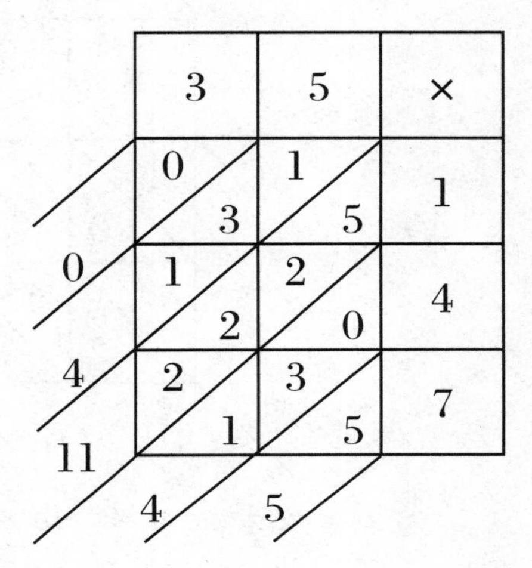

结果为：4 11 4 5

进 位：5 1 4 5

所以35×147=5145

（3）计算159×973=______

1	5	9	×
0 / 9	4 / 5	8 / 1	9
0 / 7	3 / 5	6 / 3	7
0 / 3	1 / 5	2 / 7	3

0

13

23

16 10 7

结果为：13 23 16 10 7

进 位：15 4 7 0 7

所以159×973=154707

（4）计算835×54=______

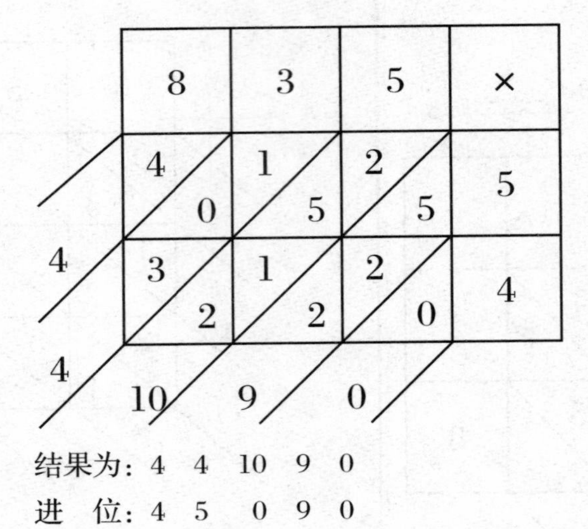

结果为：4　4　10　9　0

进　位：4　5　0　9　0

所以835×54=45090

（5）计算1856×27=______

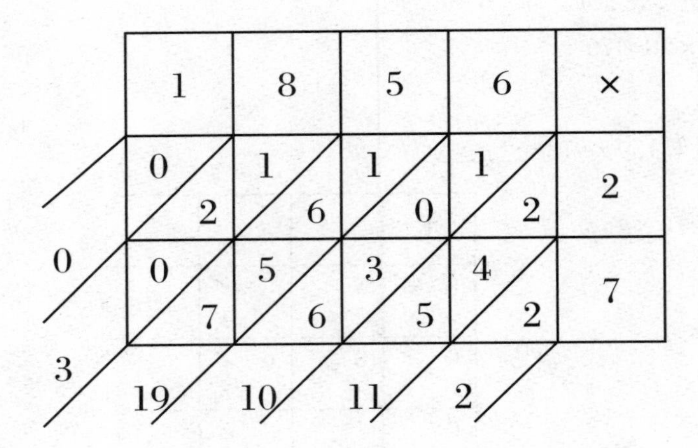

结果为：3　19　10　11　2

进　位：5　0　1　1　2

所以1856×27=50112

（6）计算2654×186=______

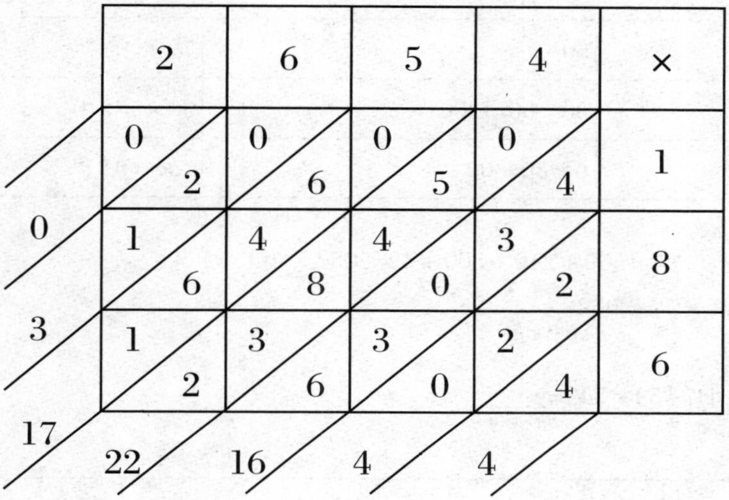

2	6	5	4	×
0 / 2	0 / 6	0 / 5	0 / 4	1
1 / 6	4 / 8	4 / 0	3 / 2	8
1 / 2	3 / 6	3 / 0	2 / 4	6

0

3

17

22　16　4　4

结果为：3　17　22　16　4　4

进　位：4　9　3　6　4　4

所以2654×186=493644

12. 在表格里法算乘法

练习

（1）计算6×48=______

×	40	8
6	40×6=240	6×8=48

240＋48=288

所以6×48=288

（2）计算$36\times57=$______

×	50	7
30	$30\times50=1500$	$30\times7=210$
6	$6\times50=300$	$7\times6=42$

$$1500+210+300+42=2052$$

所以$36\times57=2052$

（3）计算$53\times749=$______

×	700	40	9
50	$50\times700=35000$	$40\times50=2000$	$50\times9=450$
3	$3\times700=2100$	$40\times3=120$	$9\times3=27$

$$35000+2000+450+2100+120+27=39697$$

所以$53\times749=39697$

（4）计算$625\times898=$______

×	800	90	8
600	$600\times800=480000$	$600\times90=54000$	$600\times8=4800$
20	$20\times800=16000$	$90\times20=1800$	$8\times20=160$
5	$5\times800=4000$	$5\times90=450$	$8\times5=40$

$$480000+54000+4800+16000+1800+160+4000+450+40=561250$$

所以$625\times898=561250$

（5）计算3655×138=______

×	100	30	8
3000	3000×100=300000	30×3000=90000	8×3000=24000
600	600×100=60000	30×600=18000	8×600=4800
50	50×100=5000	50×30=1500	8×50=400
5	5×100=500	30×5=150	5×8=40

300000+90000+24000+60000+18000+4800+5000+1500+400+500+150+40=504390

所以3655×138=504390

（6）计算3867×925=______

×	900	20	5
3000	3000×900=2700000	20×3000=60000	5×3000=15000
800	800×900=720000	20×800=16000	5×800=4000
60	60×900=54000	20×60=1200	5×60=300
7	7×900=6300	20×7=140	5×7=35

2700000+60000+15000+750000+16000+4000+54000+1200+300+6300+140+35=3576975

所以3867×925=3576975

13. 用四边形算两位数的乘法

练习

（1）计算$97 \times 47=$______

$90 \times 40=3600$

$90 \times 7+40 \times 7$

$=630+280=910$

$7 \times 7=49$

$3600+910+49=4559$

所以$97 \times 47=4559$

（2）计算$48 \times 74=$______

$40 \times 70=2800$

$40 \times 4+70 \times 8$

$=160+560=720$

$8 \times 4=32$

$2800+720+32=3552$

所以$48 \times 74=3552$

（3）计算$96 \times 87=$______

$90 \times 80=7200$

$90 \times 7+80 \times 6$

$=630+480=1110$

$6 \times 7=42$

$7200+1110+42=8352$

所以$96 \times 87=8352$

（4）计算$54 \times 33=$______

$50 \times 30=1500$

$50 \times 3+30 \times 4$

$=150+120=270$

$4 \times 3=12$

$1500+270+12=1782$

所以$54 \times 33=1782$

（5）计算$75 \times 58=$______

$70 \times 50=3500$

$70 \times 8+50 \times 5$

$=560+250=810$

$5 \times 8=40$

$3500+810+40=4350$

所以$75 \times 58=4350$

（6）计算$37 \times 65=$______

$30 \times 60=1800$

$30 \times 5+60 \times 7$

$=150+420=570$

$7 \times 5=35$

$1800+570+35=2405$

所以$37 \times 65=2405$

14. 用交叉计算法算两位数的乘法

练习

（1）计算65×88=______

6　5

8　8

______

48 / 48+40 / 40

48 /　88　/ 40

进　位：进9　　进4

结果为：5720

所以65×88=5720

（2）计算35×69=______

3　5

6　9

______

18 / 27+30 / 45

18 /　57　/ 45

进　位：进6　　进4

结果为：2415

所以35×69=2415

（3）计算65×85=______

6　5

8　5

______

48 / 30+40 / 25

48 /　70　/ 25

进　位：进7　　进2

结果为：5525

所以65×85=5525

（4）计算36×74=______

3　6

7　4

______

21 / 12+42 / 24

21 /　54　/ 24

进　位：进5　　进2

结果为：2664

所以36×74=2664

（5）计算74×25=______

7　4

2　5

______

14 / 35+8 / 20

14 /　43　/ 20

进　位：进4　　进2

结果为：1850

所以74×25=1850

（6）计算17×74=______

1　7

7　4

______

7 / 4+49 / 28

7 /　53　/ 28

进　位：进5　　进2

结果为：1258

所以17×74=1258

15. 三位数与两位数相乘

练习

（1）计算$327 \times 35=$______

3 2 7
3 5

9 / 15+6 / 10+21 / 35
9 / 21 / 31 / 35
进 位：进2 进3 进3
结果为：11445
所以$327 \times 35=11445$

（2）计算$633 \times 57=$______

6 3 3
5 7

30 / 42+15 / 21+15 / 21
30 / 57 / 36 / 21
进 位：进6 进3 进2
结果为：36081
所以$633 \times 57=36081$

（3）计算$956 \times 31=$______

9 5 6
3 1

27 / 9+15 / 5+18 / 6
27 / 24 / 23 / 6
进 位：进2 进2
结果为：29636
所以$956 \times 31=29636$

（4）计算$825 \times 65=$______

8 2 5
6 5

48 / 40+12 / 10+30 / 25
48 / 52 / 40 / 25
进 位：进5 进4 进2
结果为：53625
所以$825 \times 65=53625$

（5）计算$758 \times 24=$______

7 5 8
2 4

14 / 28+10 / 20+16 / 32
14 / 38 / 36 / 32
进 位：进4 进3 进3
结果为：18192
所以$758 \times 24=18192$

（6）计算$468 \times 36=$______

4 6 8
3 6

12 / 24+18 / 36+24 / 48
12 / 42 / 60 / 48
进 位：进4 进6 进4
结果为：16848
所以$468 \times 36=16848$

16. 三位数乘以三位数

练习

（1）计算265×135=______

2 6 5

1 3 5

---

2 / 6 + 6 / 10 + 18 + 5 / 30 + 15 / 25

2 / 12 / 33 / 45 / 25

进 位：进1 进3 进4 进2

结果为：35775

所以265×135=35775

（2）计算563×498=______

5 6 3

4 9 8

20/45+24/40+54+12/48+27/24

20 / 69 / 106 / 75 / 24

进 位：进8 进11 进7 进2

结果为：280374

所以563×498=280374

（3）计算359×468=______

3 5 9

4 6 8

12/18+20/24+30+36/40+54/72

12 / 38 / 90 / 94 / 72

进 位：进4 进10 进10 进7

结果为：168012

所以359×468=168012

（4）654×957=625878

（5）145×364=52780

（6）458×248=113584

17. 四位数与两位数相乘

练习

（1）计算1524×35=______

1 5 2 4

3 5

---

3 / 15 + 5 / 25 + 6 / 10 + 12 / 20

3 / 20 / 31 / 22 / 20

进 位：进2 进3 进2 进2

结果为：53340

所以1524×35=53340

（2）计算2648×34=______

2 6 4 8

3 4

---

6 / 8 + 18 / 24 + 12 / 16 + 24 / 32

6 / 26 / 36 / 40 / 32

进 位：进3 进4 进4 进3

结果为：90032

所以2648×34=90032

（3）1982×28=55496

（4）3721×99=368379

（5）6485×49=317765

（6）1981×16=31696

18. 四位数乘以三位数

练习

（1）计算3824×315=______

```
        3  8  2  4
           3  1  5
----------------------------------
9/3+24/15+8+6/40+2+12/10+4/20
9/ 27 /    29  /   54    / 14  /20
```

进　位：

进3　进3　进5　进1　进2

结果为：1204560

所以3824×315=1204560

（2）计算3515×168=______

```
        3  5  1  5
           1  6  8
----------------------------------
3/18+5/24+30+1/40+6+5/8+30/40
3/  23  /    55   /   51   /  38  /40
```

进　位：

进2　进6　进5　进4　进4

结果为：590520

所以3515×168=590520

（3）3335×624=2081040

（4）6644×365=2425060

（5）9855×185=1823175

（6）8965×648=5809320

19. 用错位法算乘法

练习

（1）计算78×35=______

```
         7  8
      ×  3  5
-----------------
         4  0
      3  5
      2  4
   2  1
-----------------
   2  6 13  0
```

进　位：进1

结果为：2730

所以78×35=2730

（2）计算96×34=______

		9	6
	×	3	4
		2	4
	3	6	
	1	8	
2	7		
2	11	16	4

进　位：　进1　进1

结果为：3264

所以96×34=3264

（3）458×25=11450

（4）364×758=275912

（5）3115×128=398720

（6）4728×365=1725720

20. 用节点法算乘法

练习

（1）计算111×111=______

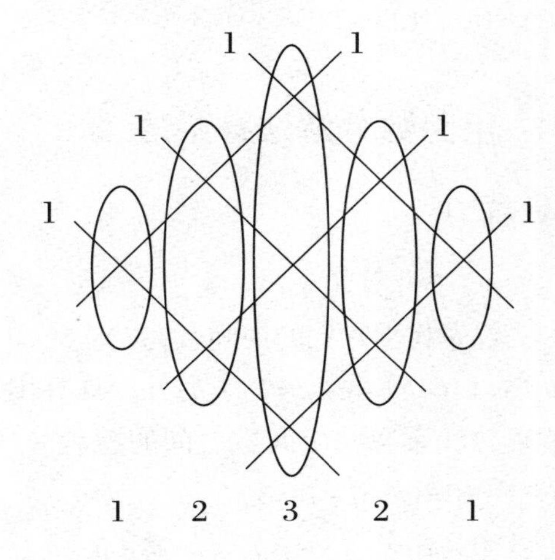

所以111×111=12321

（2）计算121×212=______

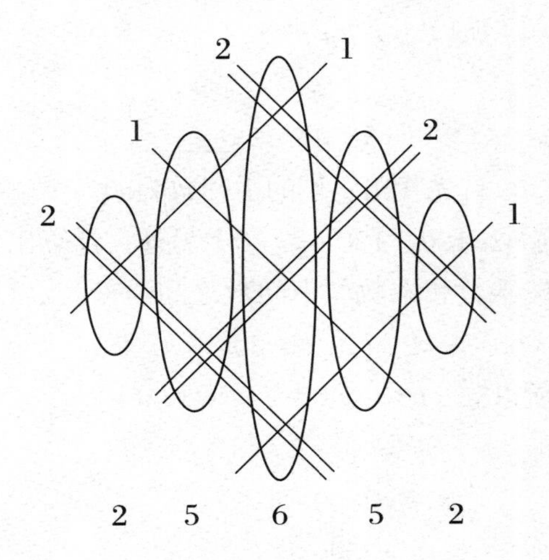

所以121×212=25652

（3）1433×112=160496

（4）$1321\times111=\underline{146631}$

（5）$113\times311=\underline{35143}$

（6）$123\times321=\underline{39483}$

（4）$27\times35=\underline{945}$

（5）$171\times175=\underline{29925}$

（6）$583\times591=\underline{344553}$

21. 用因数分解法算乘法

练习

（1）计算$70\times76=$______

首先找出它们的中间数为73。（$70+76=146$，$146\div2=73$）另外，计算出被乘数和乘数与中间数之间的差为3。（$73-70=3$，$76-73=3$）

所以$70\times76=(73-3)\times(73+3)$

$=73^2-3^2$

$=5329-9$

$=5320$

所以$70\times76=5320$

（2）计算$58\times62=$______

首先找出它们的中间数为60。（$58+62=120$，$120\div2=60$）另外，计算出被乘数和乘数与中间数之间的差为2。（$60-58=2$，$62-60=2$）

所以$58\times62=(60-2)\times(60+2)$

$=60^2-2^2$

$=3600-4$

$=3596$

所以$58\times62=3596$

（3）$711\times697=\underline{495567}$

22. 用模糊中间数算乘法

练习

（1）计算$73\times68=$______

首先找出它们的模糊中间数为70。（$73+68=141$，$141\div2=70.5$，70最接近70.5）另外，分别计算出被乘数和乘数与中间数之间的差为3和−2。（$73-70=3$，$68-70=-2$）

所以$73\times68=(70+3)\times(70-2)$

$=70^2+70\times(3-2)-3\times2$

$=4900+70-6$

$=4964$

所以$73\times68=4964$

（2）计算$65\times58=$______

首先找出它们的模糊中间数为60。（$65+58=123$，$123\div2=61.5$，60最接近61.5）另外，分别计算出被乘数和乘数与中间数之间的差为5和−2。（$65-60=5$，$58-60=-2$）

所以$65\times58=(60+5)\times(60-2)$

$=60^2+60\times(5-2)-5\times2$

$=3600+180-10$

$=3770$

所以$65\times58=3770$

（3）$111\times97=\underline{10767}$

（4）$207\times199=\underline{41193}$

（5）$591\times608=\underline{359328}$

（6）$93\times110=\underline{10230}$

23. 用较小数的平方算乘法

练习

（1）计算$79\times68=$______

$79\times68=(68+11)\times68$

$=68^2+11\times68$

$=5372$

所以$79\times68=5372$

（2）计算$98\times88=$______

$98\times88=(88+10)\times88$

$=88^2+10\times88$

$=8624$

所以$98\times88=8624$

（3）$127\times125=\underline{15875}$

（4）$207\times205=\underline{42435}$

（5）$691\times680=\underline{469880}$

（6）$295\times312=\underline{92040}$

24. 接近50的数字相乘

练习

（1）计算$53\times48=$______

$53-50=3$，$48-50=-2$

53/3

48/－2

$53+(-2)=51$，

$3+48=51$

$3\times(-2)=-6$。

因此可以写成：

53/3

48/－2

51/－6

$51\times50-6=2544$

所以$53\times48=2544$

（2）计算$47\times51=$______

$47-50=-3$，$51-50=1$

47/－3

51/1

$47+1=48$，

$-3+51=48$

$-3\times1=-3$。

因此可以写成：

47/－3

51/1

48/－3

$48\times50-3=2397$

所以$47\times51=2397$

（3）46×48=2208

（4）53×55=2915

（5）54×46=2484

（6）51×55=2805

25. 接近100的数字相乘

练习

（1）计算115×97=______

115－100=15，97－100=－3

115/15

97/－3

115－3=15＋97=112

15×（－3）=－45。

因此可以写成：

115/15

97/－3

112/－45

112×100－45=11155

所以115×97=11155

（2）计算106×107=______

106－100=6，107－100=7

106/6

107/7

106＋7=6＋107=113

6×7=42。

因此可以写成：

106/6

107/7

113/42

113×100＋42=11342

所以106×107=11342

（3）98×95=9310

（4）89×103=9167

（5）112×103=11536

（6）105×96=10080

26. 接近200的数字相乘

练习

（1）计算$185\times211=$______

$185-200=-15$，

$211-200=11$

$185/-15$

$211/11$

$185+11=196$，

$-15+211=196$

$-15\times11=-165$。

因此可以写成：

$185/-15$

$211/11$

$196/-165$

$196\times200-165=39035$

所以$185\times211=39035$

（2）计算$203\times198=$______

$203-200=3$，

$198-200=-2$

$203/3$

$198/-2$

$203-2=201$，

$3+198=201$

$3\times(-2)=-6$。

因此可以写成：

$203/3$

$198/-2$

$201/-6$

$201\times200-6=40194$

所以$203\times198=40194$

（3）$204\times208=\underline{42432}$

（4）$211\times198=\underline{41778}$

（5）$204\times203=\underline{41412}$

（6）$195\times193=\underline{37635}$

27. 将数字分解成容易计算的数字再进行计算

练习

（1）计算$127\times88=$______

$127\times88=(125+2)\times(80+8)$

$=125\times80+125\times8+2\times80+2\times8$

$=10000+1000+160+16$

$=11176$

所以$127\times88=11176$

（2）计算$27\times46=$______

$27\times46=(25+2)\times(40+6)$

$=25\times40+25\times6+2\times40+2\times6$

$=1000+150+80+12$

$=1242$

所以$27\times46=1242$

（3）计算$192\times55=\underline{10560}$

（4）计算$624\times814=\underline{507936}$

（5）计算$98\times52=\underline{5096}$

（6）计算$131\times248=\underline{32488}$

第四章　印度乘方计算法

1. 尾数为5的两位数的平方

练习

（1）计算15^2=______

$1\times(1+1)=2$

所以$15^2=225$

（2）计算25^2=______

$2\times(2+1)=6$

所以$25^2=625$

（3）计算45^2=______

$4\times(4+1)=20$

所以$45^2=2025$

（4）计算55^2=______

$5\times(5+1)=30$

所以$55^2=3025$

（5）计算75^2=______

$7\times(7+1)=56$

所以$75^2=5625$

（6）计算65^2=______

$6\times(6+1)=42$

所以$65^2=4225$

2. 尾数为6的两位数的平方

练习

（1）计算26^2=______

$25^2=625$

$26+25=51$

$625+51=676$

所以$26^2=676$

（2）计算46^2=______

$45^2=2025$

$46+45=91$

$2025+91=2116$

所以$46^2=2116$

（3）计算56^2=______

$55^2=3025$

$56+55=111$

$3025+111=3136$

所以$56^2=3136$

（4）计算66^2=______

$65^2=4225$

$66+65=131$

$4225+131=4356$

所以$66^2=4356$

（5）计算86^2=______

$85^2=7225$

$86+85=171$

$7225+171=7396$

所以$86^2=7396$

（6）计算196^2=______

$195^2=38025$

$196+195=391$

$38025+391=38416$

所以$196^2=38416$

3. 尾数为7的两位数的平方

练习

（1）计算17^2=______

$15^2=225$

$(17+15)\times2=64$

$225+64=289$

所以$17^2=289$

（2）计算37^2=______

$35^2=1225$

$(37+35)\times2=144$

$1225+144=1369$

所以$37^2=1369$

（3）计算77^2=______

$75^2=5625$

$(77+75)\times2=304$

$5625+304=5929$

所以$77^2=5929$

（4）计算97^2=______

$95^2=9025$

$(97+95)\times2=384$

$9025+384=9409$

所以$97^2=9409$

（5）计算107^2=______

$105^2=11025$

$(107+105)\times2=424$

$11025+424=11449$

所以$107^2=11449$

（6）计算197^2=______

$195^2=38025$

$(197+195)\times2=784$

$38025+784=38809$

所以$197^2=38809$

4. 尾数为8的两位数的平方

练习

（1）计算108^2=______

$110^2=12100$

$(108+110)\times2=436$

$12100-436=11664$

所以$108^2=11664$

（2）计算98^2=______

$100^2=10000$

（98＋100）×2=396

10000－396=9604

所以$98^2=9604$

（3）计算88^2=______

$90^2=8100$

（88＋90）×2=356

8100－356=7744

所以$88^2=7744$

（4）计算68^2=______

$70^2=4900$

（68＋70）×2=276

4900－276=4624

所以$68^2=4624$

（5）计算38^2=______

$40^2=1600$

（38＋40）×2=156

1600－156=1444

所以$38^2=1444$

5. 尾数为9的两位数的平方

练习

（1）计算29^2=______

$30^2=900$

29＋30=59

900－59=841

所以$29^2=841$

（2）计算39^2=______

$40^2=1600$

39＋40=79

1600－79=1521

所以$39^2=1521$

（3）计算99^2=______

$100^2=10000$

99＋100=199

10000－199=9801

所以$99^2=9801$

（4）计算49^2=______

$50^2=2500$

49＋50=99

2500－99=2401

所以$49^2=2401$

（5）计算69^2=______

$70^2=4900$

69＋70=139

4900－139=4761

所以$69^2=4761$

（6）计算109^2=______

$110^2=12100$

109＋110=219

12100－219=11881

所以$109^2=11881$

6. 11～19平方的计算法

练习

（1）计算15^2=______

15^2=15＋5/5^2

=20/25

=225（进位）

所以15^2=225

（2）计算16^2=______

16^2=16＋6/6^2

=22/36

=256（进位）

所以16^2=256

（3）计算17^2=______

17^2=17＋7/7^2

=24/49

=289（进位）

所以17^2=289

（4）计算18^2=______

18^2=18＋8/8^2

=26/64

=324（进位）

所以18^2=324

（5）计算19^2=______

19^2=19＋9/9^2

=28/81

=361（进位）

所以19^2=361

7. 21～29平方的计算法

练习

（1）计算25^2=______

25^2=2×（25＋5）/5^2

=60/25

=625（进位）

所以25^2=625

（2）计算26^2=______

26^2=2×（26＋6）/6^2

=64/36

=676（进位）

所以26^2=676

（3）计算27^2=______

27^2=2×（27＋7）/7^2

=68/49

=729（进位）

所以27^2=729

（4）计算28^2=______

28^2=2×（28＋8）/8^2

=72/64

=784（进位）

所以28^2=784

（5）计算29^2=______

29^2=2×（29＋9）/9^2

=76/81

=841（进位）

所以29^2=841

8. 31～39平方的计算法

练习

（1）计算36^2=______

$36^2=3\times(36+6)/6^2$

= 126 /36

=1296（进位）

所以$36^2=1296$

（2）计算47^2=______

$47^2=4\times(47+7)/7^2$

= 216 /49

=2209（进位）

所以$47^2=2209$

（3）计算58^2=______

$58^2=5\times(58+8)/8^2$

= 330 /64

=3364（进位）

所以$58^2=3364$

（4）计算69^2=______

$69^2=6\times(69+9)/9^2$

= 468 /81

=4761（进位）

所以$69^2=4761$

（5）计算72^2=______

$72^2=7\times(72+2)/2^2$

= 518 /4

=5184（进位）

所以$72^2=5184$

（6）计算99^2=______

$99^2=9\times(99+9)/9^2$

= 972 /81

=9801（进位）

所以$99^2=9801$

9. 任意两位数的平方

练习

（1）计算19^2=______

$1^2/2\times1\times9/9^2$

1/ 18 /81

进位后结果为361

所以$19^2=361$

（2）计算27^2=______

$2^2/2\times2\times7/7^2$

4/ 28 /49

进位后结果为729

所以$27^2=729$

（3）计算93^2=______

$9^2/2\times9\times3/3^2$

81/ 54 /9

进位后结果为8649

所以$93^2=8649$

（4）计算88^2=______

$8^2/2\times8\times8/8^2$

64/ 128 /64

进位后结果为7744

所以$88^2=7744$

（5）计算54^2=______

$5^2/2\times5\times4/4^2$

25/ 40 /16

进位后结果为2916

所以$54^2=2916$

（6）计算79^2=______

$7^2/2\times7\times9/9^2$

49/ 126 /81

进位后结果为6241

所以79^2=6241

10. 任意三位数的平方

练习

（1）计算176^2=______

$1^2/2\times1\times7/2\times1\times6+7^2/2\times7\times6/6^2$

1/ 14 / 61 / 84 /36

进位后结果为30976

所以176^2=30976

（2）计算726^2=______

$7^2/2\times7\times2/2\times7\times6+2^2/2\times2\times6/6^2$

49/ 28 / 88 / 24 /36

进位后结果为527076

所以726^2=527076

（3）计算597^2=______

$5^2/2\times5\times9/2\times5\times7+9^2/2\times9\times7/7^2$

25/ 90 / 151 / 126 /49

进位后结果为356409

所以597^2=356409

（4）计算152^2=______

$1^2/2\times1\times5/2\times1\times2+5^2/2\times5\times2/2^2$

1/ 10 / 29 / 20 /4

进位后结果为23104

所以152^2=23104

（5）计算185^2=______

$1^2/2\times1\times8/2\times1\times5+8^2/2\times8\times5/5^2$

1/ 16 / 74 / 80 /25

进位后结果为34225

所以185^2=34225

（6）计算836^2=______

$8^2/2\times8\times3/2\times8\times6+3^2/2\times3\times6/6^2$

64/ 48 / 105 / 36 /36

进位后结果为698896

所以836^2=698896

11. 用基数法计算三位数的平方

练习

（1）计算115^2=______

基准数为100

115－100=15

15^2=225

115＋15=130

130×1=130

结果为130/225

进位后得到13225

所以115^2=13225

（2）计算297^2=______

基准数为300

297－300=－3

$(-3)^2$=9

297－3=294

294×3=882

结果为882/09

0为补位所以不进位

所以297^2=88209

（3）计算486^2=______

基准数为500

486－500=－14

$(-14)^2$=196

486－14=472

472×5=2360

结果为2360/196

进位后得到236196

所以486^2=236196

（4）计算509^2=______

基准数为500

509－500=9

9^2=81

509＋9=518

518×5=2590

结果为2590/81

进位后得到259081

所以509^2=259081

（5）计算612^2=______

基准数为600

612－600=12

12^2=144

612＋12=624

624×6=3744

结果为3744/144

进位后得到374544

所以612^2=374544

（6）计算704^2=______

基准数为700

704－700=4

4^2=16

704＋4=708

708×7=4956

结果为4956/16

进位后得到495616

所以704^2=495616

12. 以“10”开头的三、四位数平方的算法

练习

（1）计算101^2=______

1×1=1

1×2×100=200

10000＋200＋1=10201

所以101^2=10201

（2）计算109^2=______

9×9=81

9×2×100=1800

10000＋1800＋81=11881

所以109^2=11881

（3）计算1025^2=______

25×25=625

25×2×1000=50000

1000000＋50000＋625=1050625

所以1025^2=1050625

（4）计算1096^2=______

$96\times96=9216$

$96\times2\times1000=192000$

$1000000+192000+9216=1201216$

所以$1096^2=1201216$

（5）计算1074^2=______

$74\times74=5476$

$74\times2\times1000=148000$

$1000000+148000+5476=1153476$

所以$1074^2=1153476$

（6）计算1011^2=______

$11\times11=121$

$11\times2\times1000=22000$

$1000000+22000+121=1022121$

所以$1011^2=1022121$

13. 两位数的立方

练习

（1）计算31^3=______

a=3，b=1

$a^3=27$，$a^2b=9$，$ab^2=3$，$b^3=1$

	27	9	3	1
		18	6	
	27	27	9	1
进 位：	29	7	9	1

所以$31^3=29791$

（2）计算24^3=______

a=2，b=4

$a^3=8$，$a^2b=16$，$ab^2=32$，$b^3=64$

	8	16	32	64
		32	64	
	8	48	96	64
进 位：	13	8	2	4

所以$24^3=13824$

（3）计算76^3=______

a=7，b=6

$a^3=343$，$a^2b=294$，$ab^2=252$，$b^3=216$

	343	294	252	216
		588	504	
	343	882	756	216
进 位：	48	9	7	6

所以$76^3=438976$

（4）计算97^3=______

a=9，b=7

$a^3=729$，$a^2b=567$，$ab^2=441$，$b^3=343$

	729	567	441	343
		1134	882	
	729	1701	1321	343
进 位：	912	6	7	3

所以$97^3=912673$

（5）计算15^3=______

a=1，b=5

$a^3=1$，$a^2b=5$，$ab^2=25$，$b^3=125$

1　5　25　125

10　50

1　15　75　125

进　位：3　3　7　5

所以$15^3=3375$

（6）计算22^3=______

a=2，b=2

$a^3=8$，$a^2b=8$，$ab^2=8$，$b^3=8$

8　8　8　8

16　16

8　24　24　8

进　位：10　6　4　8

所以$22^3=10648$

14. 用基准数法算两位数的立方

练习

（1）计算21^3=______

基准数为20

$21-20=1$

$21+1\times2=23$

$23\times20^2=9200$

$(23-20)\times1\times20=60$

$1^3=1$

结果为$9200+60+1=9261$

所以$21^3=9261$

（2）计算14^3=______

基准数为10

$14-10=4$

$14+4\times2=22$

$22\times10^2=2200$

$(22-10)\times4\times10=480$

$4^3=64$

结果为$2200+480+64=2744$

所以$14^3=2744$

（3）计算56^3=______

基准数为60

$56-60=-4$

$56+(-4)\times2=48$

$48\times60^2=172800$

$(48-60)\times(-4)\times60$

$=2880$

$-4^3=-64$

结果为$172800+2880-64=175616$

所以$56^3=175616$

（4）计算77^3=______

基准数为80

$77-80=-3$

$77+(-3)\times2=71$

$71\times80^2=454400$

$(71-80)\times(-3)\times80$

$=2160$

$-3^3=-27$

结果为$454400+2160-27=456533$

所以$77^3=456533$

（5）计算95^3=______

基准数为100

95－100=－5

95＋（－5）×2=85

85×100^2=850000

（85－100）×（－5）×100

=7500

$-5^3=-125$

结果为850000＋7500－125=857375

所以95^3=857375

（6）计算33^3=______

基准数为30

33－30=3

33＋3×2=39

33×30^2=29700

（39－30）×3×30=810

3^3=27

结果为29700＋810＋27=35937

所以33^3=35937

第五章　印度除法计算法及其他技巧

1. 一个数除以9的神奇规律

练习

（1）计算98 ÷ 9=______

商是9

余数是9 + 8=17

则商变成10，余数是8

所以98 ÷ 9=10余8

（2）计算52 ÷ 9=______

商是5

余数是5 + 2=7

所以52 ÷ 9=5余7

（3）计算214 ÷ 9=______

商十位是2，个位是2 + 1=3

所以商是23

余数是2 + 1 + 4=7

所以214 ÷ 9=23余7

（4）725 ÷ 9=80余5

（5）2114 ÷ 9=234余8

（6）6513 ÷ 9=723余6

2. 如果除数以5结尾

练习

（1）计算1026 ÷ 15=______

将被除数和除数同时乘以2

得到2052 ÷ 30

结果是68. 4

所以1026 ÷ 15=68. 4

（2）计算8569 ÷ 25=______

将被除数和除数同时乘以4

得到34276 ÷ 100

结果是342. 76

所以8569 ÷ 25=342. 76

（3）计算2222 ÷ 55=______

将被除数和除数同时乘以2

得到2222 ÷ 110

结果是20. 1

所以1111 ÷ 55=20. 1

（4）计算$9578 \div 5=$______

将被除数和除数同时乘以2

得到$19156 \div 10$

结果是1915.6

所以$9578 \div 5=1915.6$

（5）计算$644 \div 35=$______

将被除数和除数同时乘以2

得到$1288 \div 70$

结果是18.4

所以$644 \div 35=18.4$

（6）计算$64 \div 5=$______

将被除数和除数同时乘以2

得到$128 \div 10$

结果是12.8

所以$64 \div 5=12.8$

3. 完全平方数的平方根

练习

（1）计算3025的平方根。

因为被开方数为4位，根据前面的公式；

平方根的位数应该为$4 \div 2=2$位

因为位数为4，偶数，所以前两位分为一组，其余数字个成一组：

分组得：30 2 5

找出答案的第一位数字：$5^2=25$最接近30，所以答案的第一位数字为5。

将5写在与30对应的下面，$30-5^2=5$写在30的右下方，与第二组数字2构成被除数52。$5 \times 2=10$为除数写在最左侧。得到下图：

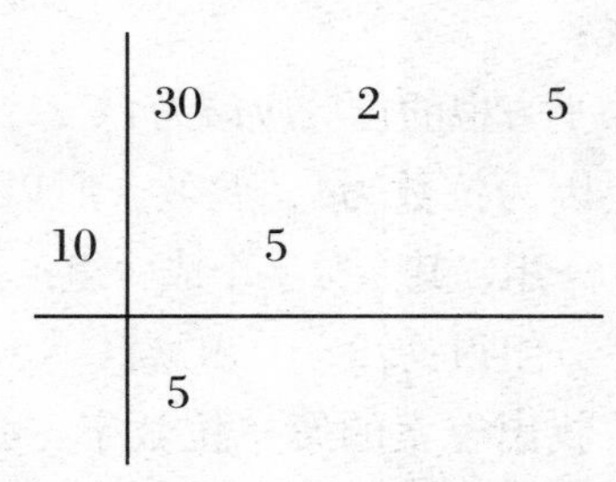

$52 \div 10=5$余2，把5写在第二组数字2下面对应的位置，作为第二位的数字。余数2写在第二组数字2的右下方。而$25-5^2=0$

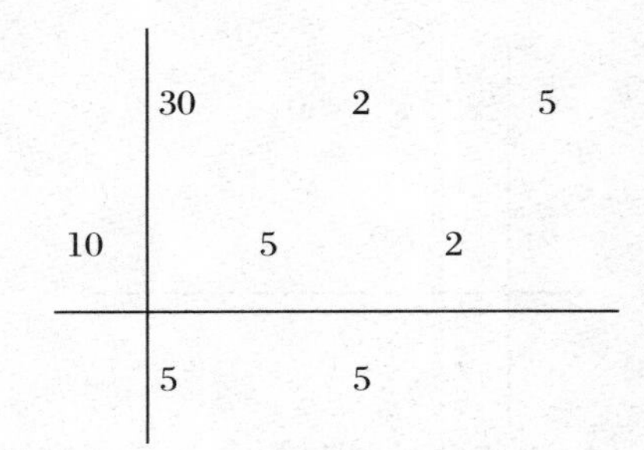

这样就得到了答案，即3025的平方根为55。

（2）676的平方根为260。

（3）计算2209的平方根。

因为被开方数为4位，根据前面的公式；

平方根的位数应该为4 ÷ 2=2位

因为位数为4，偶数，所以前两位分为一组，其余数字个成一组：

分组得：22　0　9

找出答案的第一位数字：$4^2=16$最接近22，所以答案的第一位数字为4。

将4写在与22对应的下面，$22-4^2=6$写在22的右下方，与第二组数字0构成被除数60。4 × 2=8为除数写在最左侧。得到下图：

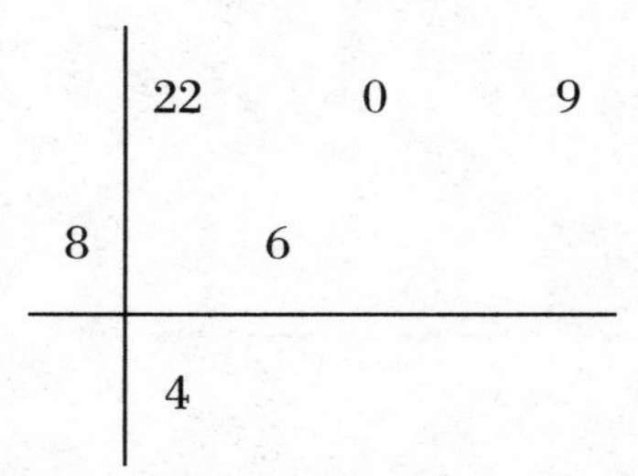

60 ÷ 8=7余4，把7写在第二组数字0下面对应的位置，作为第二位的数字。余数4写在第二组数字0的右下方。而$49-7^2=0$

	22	0	9
8	6	4	
	4	7	

这样就得到了答案，即2209的平方根为47。

（4）10404的平方根为1020。

（5）39601的平方根为510。

4. 完全立方数的立方根

练习

（1）计算1331的立方根。

1，331

1　　1

先看后三位数，尾数为1，所以立方根的尾数为1。

再看逗号前面为1，而$1^3=1$，所以立方根的第一位是1。

所以1331的立方根为11。

（2）计算3375的立方根。

3，375

1　　5

先看后三位数，尾数为5，所以立方根的尾数为5。

再看逗号前面为3，而$1^3=1$，$2^3=8$大于3，所以立方根的第一位是1。

所以3375的立方根为15。

（3）9261的立方根为21。

（4）729的立方根为9。

（5）13824的立方根为24。

（6）512的立方根为8。

5. 二元一次方程的解法

练习

（1）解二元一次方程组

$$\begin{cases}3x+y=14\\5x+2y=25\end{cases}$$

首先计算出x、y的系数交叉相乘的差，

即$3\times2-5\times1=1$。

再计算出x的系数与常数交叉相乘的差，

即$3\times25-5\times14=5$。

最后计算出常数与y的系数交叉相乘的差，

即$2\times14-25\times1=3$。

这样$x=3\div1=3$；$y=5\div1=5$

所以结果为$\begin{cases}x=3\\y=5\end{cases}$

（2）解二元一次方程组

$$\begin{cases}4x+y=11\\3x+2y=12\end{cases}$$

首先计算出x、y的系数交叉相乘的差，

即$4\times2-1\times3=5$。

再计算出x的系数与常数交叉相乘的差，

即$4\times12-3\times11=15$。

最后计算出常数与y的系数交叉相乘的差，

即$11\times2-12\times1=10$。

这样$x=10\div5=2$；$y=15\div5=3$

所以结果为$\begin{cases}x=2\\y=3\end{cases}$

（3）解二元一次方程组

$$\begin{cases}2x+7y=23\\5x+3y=14\end{cases}$$

结果为$\begin{cases}x=1\\y=3\end{cases}$

6. 将循环小数转换成分数

练习

（1）将循环小数0.7777……转换成分数

设a=0.7777……

两边同时乘以10，

得到10a=7.777……

$10a-a=9a=7$

$a=\frac{7}{9}$

所以0.7777……转换成分数为$\frac{7}{9}$。

（2）将循环小数0.545454……转换成分数

设a=0.545454……

两边同时乘以100，

得到100a=5.45454……

$100a-a=99a=54$

$a=\frac{54}{99}$

所以0.545454……转换成分数为$\frac{54}{99}$。

（3）将循环小数0.818181……转换成分数

设a=0.818181……

两边同时乘以100，

得到100a=8（1）8181……

100a－a=99a=81

$a=\frac{81}{99}$

所以0.818181……转换成分数为$\frac{81}{99}$。

7. 印度验算法

练习

（1）验算88＋26=114

左边：N（88）＋N（26）
=N（8＋8）＋N（2＋6）
=N（16）＋N（8）
=N（1＋6）＋N（8）
=N（7）＋N（8）
=N（7＋8）
=N（15）
=N（1＋5）
=N（6）
右边：N（114）
=N（1＋1＋4）
=N（6）

左边和右边相等，说明计算正确。

（2）验算94＋63=157

过程略

（3）验算105－26=79

左边：N（105）－N（26）
=N（10＋5）－N（2＋6）
=N（15）－N（8）
=N（7）
右边：N（79）
=N（7＋9）
=N（16）
=N（1＋6）
=N（7）

左边和右边相等，说明计算正确。

（4）验算6675－526=6149

过程略

（5）验算97×16=1552

左边：N（97）×N（16）
=N（9＋7）×N（1＋6）
=N（16）×N（7）
=N（112）
=N（1＋1＋2）
=N（4）
=N4
右边：N（1552）
=N（1＋5＋5＋2）
=N（13）
=N（1＋3）
=N（4）

左边和右边相等，说明计算正确。

（6）验算37×77=2849
过程略

8. 一位数与9相乘的手算法

练习

（1）1×9=9
过程略

（2）4×9=36
过程略

（3）6×9=54
过程略

（4）7×9=63
过程略

（5）8×9=72
过程略

9. 两位数与9相乘的手算法

练习

（1）12×9=108
过程略

（2）99×9=891
过程略

（3）41×9=369
过程略

（4）89×9=801
过程略

（5）72×9=648
过程略

（6）57×9=513
过程略

10. 6～10之间乘法的手算法

练习

（1）9×9=81
过程略

（2）6×10=60
过程略

（3）7×6=42
过程略

11. 11～15之间乘法的手算法

练习

（1）15×15=225
过程略

（2）11×14=154
过程略

（3）12×13=156
过程略

12. 16～20之间乘法的手算法

练习

（1）16×16=256

过程略

（2）16×19=304

过程略

（3）18×17=306

过程略